博客：http://blog.sina.com.cn/bjwpcpsy
微博：http://www.weibo.com/wpcpsy

U0450875

自体的重建

The Restoration of the Self

[美] 海因茨·科胡特 著

许豪冲 译

世界图书出版公司
北京·广州·上海·西安

图书在版编目（CIP）数据

自体的重建 /（美）科胡特（Kohut，H.）著；许豪冲译．—北京：世界图书出版公司北京公司，2013.4（2024.12 重印）

书名原文：The Restoration of the Self

ISBN 978-7-5100-5847-9

Ⅰ．①自… Ⅱ．①科…②许… Ⅲ．①精神分析—研究 Ⅳ．① B84-065

中国版本图书馆 CIP 数据核字（2013）第 037520 号

书　　名	自体的重建 ZITI DE CHONGJIAN
著　　者	[美] 海因茨·科胡特（Heinz Kohut）
策划主编	林明雄
译　　者	许豪冲
责任编辑	詹燕徽
出版发行	世界图书出版有限公司北京分公司
地　　址	北京市东城区朝内大街 137 号
邮　　编	100010
电　　话	010-64038355（发行）　64033507（总编室）
网　　址	http://www.wpcbj.com.cn
邮　　箱	wpcbjst@vip.163.com
销　　售	新华书店
印　　刷	河北鑫彩博图印刷有限公司
开　　本	787 mm × 1092 mm　1/16
印　　张	16.75
字　　数	228 千字
版　　次	2013 年 4 月第 1 版
印　　次	2024 年 12 月第 10 次印刷
国际书号	ISBN 978-7-5100-5847-9
版权登记	01-2011-5400
定　　价	52.00 元

版权所有　翻印必究

（如发现印装质量问题，请与本公司联系调换）

系列策划主编序

作为一个心理治疗的临床工作者，我总希望能了解在治疗室中会遭遇到的情况，并进而给个案传递这样的了解，以增进彼此生命的福祉。而在治疗的迷雾森林里，是多么期待识途向导的引领；即或不可得，至少有张明晰正确的地图，也是再幸运不过的事。就如个案自我伤害的冲动甚至行为，深度视之，究竟是因为严厉的超我借由各种机会转而对自我的攻击，还是个案借由对自我的攻击而攻击客体，或攻击自己分裂投射出来的坏部分，又或者是痛苦的自我正尝试处理免于自体的解体等。而这样的症状或行为尚只能说是歧路汇集而成的几条不一样的大道而已，正待完整的地图标示出它们的前后相接之路。完整的学派犹如一张完整的地图，在这一点上，由科胡特（Heinz Kohut）所创的自体心理学算是当之无愧了。尤其在自恋型人格的了解与治疗上，按照科胡特所画的图前进，感觉到的是对所行之路的领会，以及对未来之路的无尽深度之敬佩。这是一张由既聪明又努力且长期专注于同一焦点的人所画的宝贵地图。

在到处都可借由各种方式吐露发泄的现代，过去因禁抑过多或过强造成冲突（conflict）的歇斯底里症在个案中所占的比例降低了，主要问题为防御之墙更加薄弱易碎裂的前语言期问题的个案则增加了。

就如性的行为过去是外连于甚至可形成症状的神圣承诺,现在也被大量的作为关系融合或刺激自我存在感的手段。无法了解这类前语言期问题,就无法在治疗室里带着正确的了解或至少是无害地回应个案,也会有双方意识或未意识到的必然挫折。

科胡特的原文文字的书写风格冗长迂回,在其三本原典的翻译中已做了许多这样的保留。他也不愧为一派宗师,代言了一群特殊的个案,对这些个案独特排他的病理特征做了深度完整的详密描述。

完成翻译科胡特的三本书,历经了半年的酝酿、三年的读书会与个案讨论和最后的翻译工作。参与者都有从事长期心理治疗的临床体验,并各自带着自己所熟悉的理论背景与个人偏向,每周沉浸在自体心理学的独特情境中,或赞同或反对,或之后的再反对与再赞同,从而由字到词再到句地吐出自体心理学的语言,树立了自体心理学之所是,也精炼区别出不同的所在。确定的一件事是,科胡特不只讲清楚,而且也做到了——以现实自我实现了来自夸大自体的企图心和来自理想化的双亲影像的理想。他是一个值得尊敬的理论开拓者!

科胡特在第一本著作《自体的分析》(*The Analysis of the Self*)里仍努力尝试要与古典理论及自我心理学做对话联结。到了第二本书《自体的重建》(*The Restoration of the Self*),他已不再与无关于自体心理学的部分缠斗,而致力于清楚明晰地陈述自体心理学本身。再到其最后一本著作《精神分析治愈之道》(*How Does Analysis Cure?*),他则针对别人对其理论的质疑处再加以说明回答。这样总合成为对同一主题的完整脉络。另外对于同属长于处理前语言期问题,却是治疗边缘型人格时的重要指引的客体关系理论,而为科胡特所较少提及;以及处理移情神经官能症时所必然使用的古典精神分析理论，在深度了解与处理个案的精神内在问题时，是值得与科胡特的自体心理学比较参考的。在其中分别调动到的移情类型，将会决定何者得以正当地宣称所面对的是何种领域的问题。

林明雄
2002年6月

译者序

自体心理学经过这三十年来的努力（从科胡特1971年《自体的分析》出版算起），逐渐在精神分析的知识圈中占有一席之地；而神入、自体客体与转变内化作用等术语，也逐渐在分析界的文献讨论中，常被提及或比对。然而，关于这些术语的起源、演变，以及在自体心理学治疗实务中的运用，最好还是透过科胡特本人的文章，才能避免一些常见的窄化或曲解。再者，中文的心理世界到目前为止，尚未出现对科胡特理论的完整介绍。所以本书及另外两本科胡特著作（《自体的分析》《精神分析治愈之道》）的出现，应该可以稍解其中的缺憾。

科胡特眼中的自体病理，在今天这种价值多变的、自恋的与边缘的时代中，确实充斥于整个社会环境中。举例而言，他对各种自体病理状态的描述，包括性变态、空虚匮乏抑郁的情绪、各种表面上性欲化而实际上是自体刺激的冒险活动、疑病的倾向，都有他独到的理论论述。而更重要的是，透过这些理解与掌握，让处于杂乱的、碎裂的、分歧的自体客体环境中的我们，可以逐渐促进治疗室之内与外自体的整合。或者，以自体的角度来看，可以有一个比较明确的方向，有一个比较长期的发展观点，用来观察一个人的人格成熟与整合度。这种从自体着眼的观点，确实可以作为治疗者内省与神入之时的指引。

而自体心理学理论相较于客体关系理论，虽然比较明晰与概略化（此处不拟多加说明）；但要真正深度地了解、运用，以及内化于治疗者的心智之中，却需要颇长时间的精练。自体心理学所强调的神入，使它着重于治疗师与来访者间关系的建立，也让它的理论始终保持一种较容易亲近的"神入感"；这是它的长处，但同时也是它的短处；神入与同理心、同情、爱等概念容易混淆，也同样容易发生于自体心理学的初学者。而且，因为这样的长处所招致的诸多误解批评，认为它缺乏了深度心理学所必需的深度与广度，也轻忽了潜意识的领域与诠释的重要性。不管这些争论有无最终的答案，我以为，深度心理学的精神，必然包含了对神入的理解与掌握；而要真正掌握自体心理学的微言大义，就还是回避不了对科胡特原典的阅读。如此不管是为了汲取科胡特的体验智慧，抑或是更清楚地辨明理论观点间的差异，都可以是一种阅读的方式。

"自体客体的需求，是一个人从出生到死亡的生命过程中都必定需要的。"这是科胡特著名的一段论述。如今这本书中文版的出版，如果也能成为本地治疗师可得的、易于接近的、可提供某些功能的自体客体，那么本书的目的就达成了。

许豪冲　谨识

推荐者序

《自体的重建》是自体心理学创始人科胡特确立自体心理学思想的著作，也是公开宣布自体心理学派成立的著作。

1971年，科胡特的《自体的分析》出版，以及同年他被查出患上淋巴癌后，就开始过着近似隐居的生活。但隐居的生活并非是无所事事的休养，他除了接受治疗还继续临床精神分析工作，同时建立了自己的自体心理学研究团队，并一起研讨自体障碍治疗模型的发展。这些临床和研讨经验最后成就了《自体的重建》的出版。

《自体的重建》，除了展示科胡特试图所描述的自体心理学如何进行精神分析与心理治疗，同时也在某种程度上反映了科胡特本人思想的成熟。

经常有人询问，自体心理学的自体究竟是什么？

因为我们中文是鲜有使用"自体"（slef）这个词汇的。联系到实处，即我们当下时刻的自身，"自体"的概念，即我们当下感受到的主体感受。它可能因为已经清晰了这个概念而成为坚实自信的，也可能是因为还无法理解这个概念而感受到一丝虚弱，这些都是很明白的自体感。所以自体，更直接地说，即我们当下所感受到的自己主体感受的种种，以及在过去到现在时间连续感中的自我感。

科胡特对"self"的定义是很宽广的，包括英语有关self的所有内涵，即自我、自身、自己、自我意识、本质、自性、我们的、自花授粉（植物学词汇）、自我繁殖等意思。所以"self"在科胡特的语境中是很广义的，而不是特指某物。科胡特所定义的自体结构中，自恋是作为能量充溢其中。迈克·巴史克将此解释成自体胜任感，这也十分类似心理学中的自我价值感。

相对于自体概念，科胡特进一步描述了自体客体移情的概念，以取代之前他所谓的自恋移情概念，自体客体是相对自体与客体间的融合的经验，是一种主体被客体以一种全然方式所共情和理解的精神经验。

而自体客体移情，科胡特在本书中将之分为双极自体相关的自体客体，即与理想化父母影像相关的理想化自体客体移情、与夸大自体相关的镜映移情及三种分支：镜映、密友、融合自体客体移情。

同时围绕自体客体移情，科胡特继续重申自体心理学中最容易被忽视的恰好的挫折和转变性内化的部分，即无论何种自体客体移情，分析师与来访者工作关系中，其相关的一端是与同频共情相关的自体客体移情的自体美好经验，但在另一端则隐藏着恰好的挫折可能随时激活的来访者过去的创伤点，当这些点被渐渐激活之后，来访者可能表现出对分析师不理解自己等的愤怒，而分析师经由与来访者回溯的过程来修复来访者的自体客体移情中，因恰好的挫折所产生的愤怒，并重新恢复良好的自体客体关系。这样的来回摆荡过程，使转变的内化作用得以产生，来访者的自体渐渐获得对外的社会适应结构，但同时也能够适切地保持与生命活力相关的自恋，而成熟的自恋即得以发展。

科胡特在本书中，还发展了传统的经典精神分析十分敏感的俄狄浦斯的问题，他勇敢地重新解释，俄狄浦斯的困扰是来自父母对孩子的自体的共情失败的次发结果，而不是原发的。这一新的视角极大地扩大了自体心理学的治疗疆域，但也撼动了那个时代的经典精神分析和自我心理学的根基。而这部作品中，最重要的观点是科胡特站在传统经典精神分析的立场之外，阐述了自体心理学与经典精神分析并存的目标。这一系列观点极大触碰了令许多当时的经典精神分析师敏感且不快的地方。所以当《自体的重建》出版之后，当时的芝加哥精神分析学会吊销了科胡特督导及训练分析师的资格，仅保留了他作为一般精神分析师的资格，不少非学术性探讨的攻击和传言也随之而来。但当时，以科胡特为首的自体心理学家和对自体心理学工作有好感的精神分析师等，已经开始召开全球性的自体心理学年会，以便更广泛的研究交流。科胡特在《自体的重建》中提出的"自恋现在合法了"这一重视人类主体的人文主义理念，也被当时社会所接受，在 People Magazine、New York Tines Sunday Magazine 等杂志都介绍和刊登了科胡特的相关介绍，使他获得了很高的社会认同。在那个时期，罗杰斯团队的人本心理治疗也在蓬勃发展。这也反映出那个时代正在发生的对人性理念的变革。

延续《自体的重建》的思考，科胡特在1979年又发表了《Z先生的两次分析》这篇著名的自传记性论文，以及在1984年他去世后出版的《精神分析治愈之道》（科胡特逝世于1981年）。这奠定了当代自体心理学的深厚基础。科胡特在《自体的重建》最后一页所提出的愿望，即未来的精神分析师可以扩展、修正、接受甚至拒绝他的观点，而就共情这一基石继续发展精神分析的学术和临床领域，一反传统精神分析保守和排他的状态，凸显了科胡特的豁达、开明和科胡特之后自体心理学的健康发展。如今，自体心理学已经有自己区别于世界精神分析学会（IPA）之外的全球自体心理学会，并且有每年的年会。而自体心理学家也在科胡特逝世后，如科胡特所愿，发展出各自独立的观点，如Wolf、Stolorow和Atwood。这些观点中有倾向于科胡特经典观点但又有发展的经典自体心理学，有以科胡特思想为启发而发展的主体间精神分析，还有与罗杰斯人本主义阵营靠近的自体心理学，形成了一个百花齐放的自体心理学的新局面。科胡特提出生命的弧度，即以自我抱负为动力，发挥才智与技能，以理想为目标的发展，正在并将继续鼓舞着他的学生和我们这些后辈对生命和学术发展的自信。

《自体的重建》从1978年出版第一版以来，至今已经有34年。我们可以看到，这本书的魅力过了三十多年没有丝毫减少，它所构成的思想冲击继续从美国波及中国精神分析界和心理咨询、心理治疗界。中国大陆许多读者对科胡特著作简体中文版的出版已翘首以待多年。当我在中国各地进行关于自体心理学的教学时，经常有学员询问这本书是否在中国大陆出版了。而如今，正值中国的龙年，此书终于出版，这是十分吉祥且影响深远的事儿。

徐钧

2012年，龙年正月初一

致 谢

在本书形成的不同阶段，曾经慷慨地给予回应的同事与朋友，其数目是如此之多，以至于我必须请求他们接受我的感谢却无法一一列举其名。但是，我还是要提到一些对我特别有帮助的人——一方面是因为在每位作者都会对自己努力的价值产生怀疑的时刻，他们所提供的情绪支持；另一方面是因为他们对本书的内容与形式所给予的广泛意见。所以，我怀抱着温暖与感谢提到以下诸位：迈克尔·巴史克（Michael F. Basch）医师、阿诺德·高德堡（Arnold Goldberg）医师、卡夫卡（Jerome Kavka）医师、隆普纳（George H. Klumpner）医师、马奎尔（J. Gordon Maguire）医师、马克斯（David Marcus）医师、保罗·奥恩斯坦（Paul H. Ornstein）医师、波洛克（George H. Pollock）医师、保罗·托尔平（Paul H. Tolpin）医师与帕隆博（Joseph Palombo）先生，还有一些人我也要一并致谢。对沃尔夫（Ernest S. Wolf）医师的付出，我要表达由衷的感谢；他因友谊的慷慨举动而承担本书索引编列的艰巨任务。

我还要感谢一些同事，因为他们允许我引用他们被我督导时分析个案的材料。广泛使用我自己的个案是不明智的，因为要保护病人的匿名性非常困难。所以同事的个案之举用，对我来说非常重要。这些个案被引用的同事中，有一些要求自己名字不要被提及，以作为特别的保护；尽管有小心的伪装，他们病人的身份还是可能被认出来。无论如何，有三位分析师的个案资料可以确保安全，所以我要表达对他们的感谢。安尼塔·艾克斯代德（Anita Eckstaedt）医师允许我使用一些很有价值的资料，而这些资料是她从有体验进行的分析中所挑选出来的。安娜·奥恩斯坦（Anna Ornstein）医师让我使用的临床材料，为我的理论提供了可靠的支持。而玛丽安·托尔平（Marian Tolpin）让我使用一些具启发性的材料，而这是来自她为了别的目的所准备的杰出个案研究。

一般作者对他秘书的感谢，通常被例行公事地放在前言的评论之中。然而，我对杰奎琳·米勒（Jacqueline Miller）女士所要表示的诚挚谢意，绝非例行公事而是真诚的感受。对于我加之于她的负担，如果没有她冷静的回应，没有她对任务的投入，没有她执行过程中的才智，这本书的完成将会更遥遥无期。

支持我要提出的这些研究结果，其所有阶段中间的财务帮助是来自芝加哥精神分析机构的安·波洛克·列德勒研究基金（Anne Pollock Lederer Research Fund of the Chicago Institute for Psychoanalysis），以及来自一般的研究基金。我要对这些支持致谢。

对于来自国际大学出版社的娜塔莉·奥尔特曼（Natalie Altman）女士的帮忙，我也要表达我的深挚谢意。将近一年的时间，我的草稿书页往返旅行于芝加哥与纽约。回来的书页中点缀着有感受力的问题与有价值的建议，督促我更清晰地表达自己，以充分的证据支持我提出的看法，以及放弃过多的材料。我感谢她温暖的热诚，因为这确实超过了职责所需，而且我希望她能够像我一样享受我们的互动。我知道，我的书从我们的合作中得益匪浅。

前　言

　　在几个方向上，这本书超越了我之前关于自恋的作品。在以前的书中，我主要以古典驱力理论的语言来提出自体心理学的发现。本书所引入的关键理论概念就是"自体—客体"（self-object）；而在治疗领域中与自体—客体概念相关联的最重要的实证发现，就是我描述的自体—客体移情的现象。最后，当联结理论与临床观察，以及重建发展与治疗的理论，先前的作品引入转变内化作用（transmuting internalization）的概念，就会与自体领域的结构形成相关联的理论。

　　和我以前的著作相比较，这本书更清楚地表达了我对于神入—内省作为立足点的信赖，而这一立足点已经从1959年以来定义了我概念上与治疗上的看法。这个步骤——对以下事实结果的充分接受：心理领域的定义，是借着观察者对于内省—神入取向的投入——造成一些概念的精练，也显示在术语的改变上，就像我用"自体—客体移情"的术语取代之前用的"自恋移情"。我认为本书最首要的贡献不是术语的改变；而是迈向更清楚定义的自体心理学的表达；或者——稍后我会更清晰地陈述——是迈向两种彼此互补的自体心理学。

　　本书的另一个特点，就如同我其他的著作，是由神入的资料搜集与理论化交织而成。本书在一开始，先提出一组实证的临床资料与相关的"体验—贴近"（experience-near）的理论陈述。资料是关于特定的临床分析过程中之特殊时刻——关于有效的结案阶段可以说是已经开始的时刻；论述区分防御结构与代偿结构的适当性——这个概念的精炼让我们对于构成心理上治愈的定义有新的看法，而且与此定义相关的是，可以再评估精神分析的结案阶段的功能与意义。

在广泛地处理了分析过程里的一个关键时刻（结案）的章节末尾；读者可以假设他掌握了一篇技术性的专题论文及关于临床理论的论文，其中描绘了被分析者准备结束分析的决定因素，以及提出论证来支持新的心理健康的精神分析定义，与达到精神分析治愈的过程——尤其是关于自体的疾患。在一定的范围内，这些确实是本书的目标，这些目标将在整本书中的不同层次上与若干架构下被讨论。但为了要定义什么造成自体病理的治愈，需要再检视很多既定的理论概念。为了要描述自体的重建，必须建立自体心理学的大纲。

精神分析的理论架构要如何重塑，才能使它可以涵盖我们所观察的有关自体的现象的多元与歧异？令人惊奇的是，问题的答案在于——虽然回溯来看应该不会令人讶异——我们必须学习以不同的方式思考，或甚至同时以两种理论架构思考；我们必须依据心理学的互补原则，认知到我们临床工作所碰到的现象的掌握——与更多的情况——需要两种取向：一种心理学是自体被视为其心理世界的中心；而另一种则是自体被视为一种心理装置的内容。

本书提出的重点在于这两种取向的前者，也就是广义的自体心理学——换句话说，这样的一种心理学就是把自体当作中心，检视它在健康与疾病状态下的起源、发展与组成部分。而第二种取向——其组成只是传统后设心理学（Metapsychology）的稍微延伸——狭义的自体心理学。其中自体被视为一种心理装置的内容，当它应用的解释效力适切的时候，也不会被忽略。如果本书的焦点更多在于广义的自体心理学，而非狭义的自体心理学，其明显的原因不只是前者的贡献较新而需要较仔细的阐述；也是要说明我们面对的临床实证现象的意义，如果以广义的自体心理学来理解，可以有更充分的解释。这是本书的目标。

为了要更接近这样的目标：描述自体心理学①的大纲与建立自体心理学的理论基础，我必须再检视一些既有的精神分析概念：精神分析的驱力概念如何被我们对自体的强调所影响，以及驱力理论与自体心理学的关系为何？我们在自体心理学的情境脉络下重新评估俄狄浦斯期与前俄狄浦斯期表现的力比多驱力概念，会有何影响？攻击作为驱力的概念如何被自体心理学的引入而影响；而在自体心理学的架构下，攻击的位置又在哪里？最后，从对动力概念的检视转向对结构理论的检视，我们会问：在自体心理学的架构下，认为是自体的成分而非心理装置的机构，是否在概念上适当？而这些心理装置乍看之下可能就是其对应物（counterparts）。

虽然我很欣赏无瑕疵逻辑的优美，以及术语、概念形成，与理论论述的简洁一致，但本书的首要目标却不在此。书中所建议的理论看法的改变，不单纯是为了理论上的理由是合理的——这些改变的根本理由，在于新的观点对于实证资料的适用性。换句话说，我不会主张新的理论比较优美、新的定义比较精炼，或新的论述比较经济且一致。我主张的是，新的理论尽管粗糙与有瑕疵，但它们扩展并深化了我们对心理领域的理解——不管在临床情境之内还是之外。不是概念与术语的精炼，而是扩展我们对人类心理本质的掌握，增加了我们对人类动机与行为的解释能力。这样才能支撑我们的决心去承担这样的情绪痛苦：放弃熟悉概念架构的安抚帮助，而从自体心理学的观点观察若干临床资料——或这些实证资料的若干面向。

过去十年的探究成果，并没有让我想要放弃古典的理论，以及临床精神分析关于人的概念；我仍然支持在若干被清楚界定的领域中，持续应用古典的理论。然而，我已经认知到一些分析的基本论述在应

---

① 当我提到自体心理学时，指的是广义的自体心理学，除非我特别指明。

用上的限制。而关于古典精神分析关于人的本质的概念——无论其多么有力与漂亮——我已经确信它不能适当地处理人类精神病理光谱中一段宽阔的区域，以及我们在临床情境之外所碰到的其他大量的心理现象。

我充分地了解到，古典精神分析关于人的概念，对于我们的想象力所施予的控制力量；我知道它（古典精神分析）作为现代人尝试了解自身的工具是多有威力。因此我也知道，说它是不适当的，甚至说它在若干面向会造成对人的错误看法的见解，一定会引起反对。我在精神分析界的一些同事会问，超越根本的驱力理论架构真的是必须的吗？事实上，在弗洛伊德与其下一代的学生影响下，它已经从原我心理学前进到自我心理学。目前，在驱力心理学与自我心理学之外加上自体心理学是必须的吗？以认知的角度可能议论说，有鉴于自我心理学的根本正确性与广泛的解释力，引入自体心理学有必要吗？而以道德的角度言，自体心理学是不是逃避的或胆小的尝试，用来洁净分析、否认人的驱力本质、否认人是坏的且不完全文明的动物？正就是为了面对这样的议论，我坚持扩展精神分析的视野与自体的互补理论的必要性。这样既能丰富我们对神经症的概念，也是解释自体的疾患所不可或缺的——希望我所举之实证的证据与我所提出的议论的合理性都能证明其说服力。

现在我转而面对第二种可能的反对者——他们可能批评我闭门造车，说我想要发现新的答案而没有参考其他人的著作。而这些作者早已认知到古典观点的限制，并已经建议了各种修订、改正与改善。

有关对自恋的著作的各种评论，其中有人表示这样的感觉，说我对自恋领域的探究结果与其他人的探究结果具有相似性。批评家阿法包姆（Apfelbaum，1972）认为我的看法根本上是哈特曼派的（Hartmannian）；詹姆斯（James，1973）则认为我的看法基本上类似于温尼科特（Winnicott）的看法；还有其他人，如艾斯勒（Eissler，

1975），认为我追随着艾克霍恩（Aichhorn）的脚步；海因兹（Heinz, 1976）在我的著作里追查到萨特的哲学；凯派奇（Kepecs, 1975）列出我与阿德勒的相似处；史托洛卢（Stolorow, 1976）把我和罗杰斯（Rogers）的来访者中心治疗相比；两人团队韩力与马森（Hanly and Masson, 1976）认为我是印度哲学的分支；最后，另外两人史托洛卢与阿特伍德（Stolorow and Atwood, 1976）说我和奥托·峦克（Otto Rank）有关联。

我知道这份名单还不完整，更要紧的是，还有另外一群探究者的名字也应该加进来。这里我想到的——像是巴林特（Balint, 1968）、埃里克森（Erikson, 1956）、贾克森（Jacobson, 1964）、肯伯格（Kernberg, 1975）、拉康（Lacan, 1953）、格鲁特（Lampl-de Groot, 1965）、里利希滕斯坦（Lichtenstein, 1961）、马勒（Mahler, 1968）、桑德勒（Sandler, 1963）、谢弗（Schafer, 1968）与其他人——他们研究的领域，即使不是他们的研究取向或结论，也与我探究的主题有不同程度的重叠。

关于这一群的成员［对第一群部分提到的成员也一样成立，尤其是艾克霍恩（1936）、哈特曼（1950）与温尼科特（1960a）］，容我强调，起初我持续没有将他们的贡献和我的看法整合起来，不是因为任何的不尊敬——相反地，我很欣赏大部分的成员——而是由于我对自己设定的任务的本质。本书不是由一个孤立的作者所写的技术或理论的专题论文——这个作者已经在一个稳定与已开发的知识领域中获得完全的掌握。这本书是一个分析师的报告，尝试在一个领域做更进一步的厘清。尽管作者经过多年有意识的努力，他还是无法在既有的精神分析架构下得到理解——即使经过现代贡献者作品的修正。尽我所知的，我十分尊敬那些事实上曾经以著作影响我的方法论与意见的人。但我的焦点不是学术上的完整，而是指向别的方向。

起先，我尝试借着既存的精神分析文献，来导引自己探索感兴趣的领域。但是我发现自己挣扎于冲突的、欠缺基础的、模糊的理论思考的混乱中。于是我下定决心：要迈向进步的道路只有一条，那就是回到直接观察临床的现象，以及建构新的综合论述来涵盖我的观察。换句话说，就我所知，我的任务是描绘出自体心理学的草图：其背景就一般而言，是复杂心理状态的清楚而一致的定义；特定而言是精神分析的深度心理学。

我设定给自己的任务，并非整合我著作的结论与其他人著作的结论——其他人结论的获得是借由与我不同的取向，或是其模糊不清的、易变的论述的理论架构。我认为此刻从事这样的任务，不仅不得体，而且会在通往我目标的道路上设下难以克服的障碍。尤其是尝试在说明我的概念与论述时，以其他对自体心理学有贡献学者的说明做点缀——这些人是以不同的参考架构与不同的观点提出其说明的。这样的做法将使我纠结于类似的、重叠的，或相同的术语与概念的丛林之中。而这些术语与概念不具有相同的意义，也不在相同的概念脉络下被应用。

舍弃了这样的压舱石，就是不把其他研究者不同的概念与理论列入思考，我相信我自己基本的观点会清楚地浮现于本书之中。因为过去我已经广泛地对它下过定义，此处我只简单提及，它有三项信念的坚持作为特征：坚持心理领域的定义为借着内省与神入来接近现实的面向；坚持观察者长期在心理领域的神入浸泡的方法论——尤其是他长期在移情中的神入浸泡的有关临床现象；以及坚持分析建构的综合论述，所用术语与内省—神入的取向相一致。用日常的语言来说：我正试图观察与解释内在的体验——包括客体的体验、自体的体验，以及与它们之间不同关系的体验。就方法论与综合论述的术语而言，我不属于行为学派、社会心理学或生物精神医学——但我能认知到这些取向的价值。

最后，我没有尝试将我的方法、发现与论述与其他研究自体的学者做比较，他们有不同的观点与方法论——而他们因此以不同的理论系统来论述其发现——并不意味着我认为这样的比较没有必要。然而，为了成功地进行这种学术上的研究，我们首先要等一段时间。换句话说，学术研究者要回顾自体的不同取向，若干的距离与若干程度的抽离是必需的。这样他才能评估不同取向间的相对优点和相互关系。

目　录

第一章　自恋型人格分析的结案 …………………………………001

第二章　精神分析需要自体心理学吗？……………………………045

第三章　对于分析中证据本质的省思 ………………………………099

第四章　双极的自体 …………………………………………………119

第五章　俄狄浦斯情结与自体心理学 ………………………………155

第六章　自体心理学与精神分析情境 ………………………………175

第七章　后记 …………………………………………………………189

案例索引 ………………………………………………………………225

参考文献 ………………………………………………………………227

第一章　自恋型人格分析的结案

在各种情况下，有一个问题一直考验着分析师，那就是每当要结束一个分析的时候，分析的任务是否已经完成，或是这样的结案是否过早。除此之外，还有一些特定的问题环绕着自恋型人格分析的结案。下面的事实增加了结案的复杂性：分析师所持的观点不但关系到理论与实务的很多领域，也会影响分析师自己的判断，对于应该如何定义理想地结束分析以及期待的现实结果应该离理想多近的判断。所以，结案是个很大的议题。在本书的研究里，我将会忽略这个问题的很多面向，而只局限于尝试澄清若干理论问题。我之所以执行这个任务，是因为我相信我们传统理论的立足点的改变，将使我们能够认知某些结案的真实性（genuineness），使我们能够认知更进一步的分析是不必要的；以及因为我相信病人并非隐匿病情，装作健康以逃避分析（flight into health）——然而基于传统理论所做的病人人格的评估，可能会引导我们有相反的看法。

关键的问题牵涉其精神病理的核心区域。就结构官能症（structural neuroses）的范围而言，我们已经知道，要综合论述分析结果的期望，需要根据病人的俄狄浦斯情结（Oedipus complex）的分析任务的完成；也就是说，我们期望病人应该可以认知其对儿童期的巨大影像（images），具有持续而无望的（且困扰的）性欲爱（sexual love），以及持续而无望的（且困扰的）敌对恨（rivalrous hate），而且基于这个认知的力量，病人应该能够从儿童期的情绪纠结中脱离出来，并可以用情感或愤怒来面对眼前现实中的客体。当然我们知道，以弗洛伊德的隐喻来说（1917b，p. 456），俄狄浦斯期精神病理的分析的决定性战役，并不必然在俄狄浦斯情结本身的最中心进行；而是不管可能发生战略交战（tactical engagements）的内容与精神位置为何，对分析最后成败的评估，在于从俄狄浦斯期的客体—本能纠结中脱离的相对程度。

然而，当我们转而面对自恋型人格障碍，我们要处理的不再是基本上完整的结构，不是它们之间冲突的未满意解决的病理结果，而是因为人格的中心结构——自体的结构——有缺陷而产生的不良的心理功能形式。所以，就自恋型人格障碍而言，我们如果要描述其精神分析的过程与目标，以及标志其真正结案（在这种情形下，我们可以说分析的任务已经被完成）的情况，必须基于根本的心理缺陷的本质、位置，及它们的治愈的定义。

自恋型人格障碍的核心精神病理（对应于结构官能症的俄狄浦斯情结的压抑而未解决的冲突），由位于自体的心理结构的（1）缺陷（defect）——在儿童期获得与（2）建立于儿童期早期次发的结构形成（secondary structure-formations）所组成。后者以两种类似的方式关联于原发缺陷，但这两种方式在关键面向上又有些差异。我将会把这两种类型的次发结构，称为防御结构（defensive structures）与代偿结构（compensatory structures）；这样区别的根据是它们与自体的原发结构缺陷的关系。

防御结构与代偿结构的定义，不仅是用来描述和隐喻，要等到读者熟悉了自体的双极性的概念，与孩童有双重的机会建立有功能的自体之后，才能对其定义充分了解。稍后我将广泛地讨论这些主题，但此刻还是先提出一个定义。我称一个结构是防御的，是因为其唯一或主要的功能在于掩盖自体的原发缺陷。而我称一个结构是代偿的，是因为其不仅掩盖了自体的缺陷，还代偿其缺陷。经过其自身的发展，代偿结构促成了自体的功能性复健，借着加强自体的一极来弥补另一极的脆弱。最常见的情形是表现癖与企图心区域的脆弱，借着理想的追求所提供的自尊来代偿；但相反的情形也可能发生。

防御结构与代偿结构，这两个术语指的是光谱的两端，其间有一段广阔的中央区域，包含着各种不同的中间形式。但或多或少的纯粹形式也能被看到，而过渡的形式通常可被认定为这两种类型的其中一种。

基于这样的分类，我认为自恋型人格障碍分析的结案阶段的达成，在于当我们完成两项特定任务的其中一项。（1）当防御结构被分析穿透，自体的原发缺陷被暴露出来，且透过修通与转变内化作用（transmuting internalization）被充分地填补，以致先前缺陷的自体结构如今在功能上变得可靠。（2）当病人对环绕于原发自体缺陷的有关防御、代偿结构，与对它们之间的关系，达到认知与情绪上的了解掌握；不论是由于哪个区域的成功，代偿结构如今在功能上变得可靠。这种功能复健的达成，可以主要透过原发缺陷区域的进步，或是透过代偿结构的变化分析（包括转变内化作用、结构缺失得到治疗），或是透过个案对其原发缺陷与代偿结构间的相互关系的了解增加其掌握，或是透过部分或全部区域的成功。

防御结构这个术语，应该不需多加说明；因为它提及的概念不只被每一个分析师所熟知，而且当分析师要依据动力的观点，把他的临床印象理出头绪时，这样的概念是不可或缺的。每一个分析师都知道这样的病人，例如，他们常令身边的人困窘，倾向于过度热情、戏剧化，且对日常事件的反应过于强烈，而且他们把与分析师的关系浪漫化与性欲化，有时会给人一种俄狄浦斯期的感情清楚地重现的印象（参考Kohut，1972，pp. 369~372）①。就自恋型人格障碍而言，区分其明显过度兴奋的防御本质——假活力（pseudovitality）——并不困难。在假活力之下潜藏着低自尊与抑郁——对不被照顾的无价值感与被拒绝的深刻感觉、对回应的无休止渴求、对安抚的渴望。所有的一切，与病人兴奋的过度活力，必须被理解为透过自体刺激（self-stimulation）来反制内在的死亡感与抑郁的一种手段。当他们还是孩子时，这些病人曾经感到情绪上未被回应，而尝试透过性欲的与夸大的幻想来克服他们的孤独与抑郁。这些病人长大以后的行为与幻想，通常不是原初的儿童期防御的精确复制品；因为在兴奋的、过度热情的、过度理想化的青少年期，缺乏有意义的人际依恋关系，通常会使儿童期的幻想转变为对浪漫的文化活动——美学的、宗教的、政治的等等——目标的狂热献身。无论如何，当这些人进入成年期，这些浪漫的理想不会如同正常的、可预期的过程退回背景；它们与成人人格的目标无法进行安稳的整合：人格中戏剧化且强烈的表现癖面向不能与成熟的生产力稳固地结合；而成年期性欲化且兴奋地追求的活动，仍然是暂时摆脱潜藏抑郁的唯一方法。

对于自恋型人格障碍中的防御结构，我已经简短地说明了其所扮演的常见而单纯的部分角色；现在我将要对这些疾患的代偿精神结构所扮演的较不熟悉且较复杂的角色，用临床资料来加以阐明。

---

① 科胡特在《对自恋与自恋暴怒的思考》（*Thoughts on Narcissism and Narcissistic Rage*）一文中提到所谓的pseudotransference neurosis与pseudohysteria，讲的都是表面上以俄狄浦斯情结为主要表现，但本质上是自恋型人格障碍，其俄狄浦斯期表现或是客体欲的过度贯注，就是一种防御结构；都是为濒临崩溃的、耗竭的自体，提供刺激以维持其自体的统整与存活。

分析M先生的结案阶段

M先生，以作家为业，形容写作为可靠的但有限制的工作，三十出头，在结婚六年的妻子离开时寻求分析②。表面上他想要进行分析的原因是要找出他在失败婚姻中所扮演的角色，但毫无疑问的是，他想要治疗的动机并非源自对智性知识的渴望。他寻求帮助是因为他受苦于严重的自尊障碍与深刻的内在空虚感。这是一种原发的结构缺陷的展现——他的自体有慢性的脆弱化，亦即自体这个结构有某种暂时碎裂的倾向。他的无感觉（apathy）与缺乏自发性，让他感觉自己只是"半死不活"（half alive）；而他借助于充满高度情绪的幻想，尤其是具有强壮的虐待者角色的性幻想，尝试来克服这样的内在空虚感。他有些时候也会真的把这些对女人虐待控制的幻想（把她们绑起来）付诸行动。他曾经这样对待过他的妻子，而她认为其行为是"病态的"[从理论的角度，这些幻想与演出（enactments）是借助防御结构来掩盖原发缺陷的尝试]。正是有关专栏写作的模糊表达的抱怨，在他的人格组织中具有关键的意义，以及在他的分析过程中具有绝对的重要性。作家的工作，应该对他自尊的提高有过实质的贡献，但因某种相互关联的困扰纠结而打消。这里我要聚焦于其中的两点。第一点确实是M先生的原发结构缺陷。它在起源上关联于母亲作为镜像（mirror）的自体—客体功能的失败，无法满足孩子的健康表现癖。第二点是病人的代偿结构缺陷的展现。它在起源上关联于父亲作为理想化影像的自体—客体功能的失败。

原发缺陷——自体的夸大—表现癖面向在发展上的中止——在起源上的基质，是来自母亲这边不够充分的镜像。如果患有这类障碍

---

② M先生的分析师是位女性，她在作者的督导下进行分析（参考Kohut，1971，pp.128~129）（译注：见科胡特所著《自体的分析》一书）。

的病人，其母亲仍然活着，那么通常在分析过程中，我们就可能第一手地确定其母亲缺乏神入或错误地神入回应。因为病人透过镜像移情（mirror transference）的反应互动的动力而变得觉醒，觉察到其自体对错误的或分裂的神入是容易受伤的，并且已经开始重建其早年生命中关于起源的决定情境。他将不只从他的儿童期中回忆起致病的时刻，也将观察到他的母亲有缺陷的神入（不管是对他或是对其他人，特别是对儿童——例如她的孙子）。在M先生的案例中，这种资讯的直接来源是不可得的，因为他的母亲在他十二岁时过世。然而，若干移情现象以及其儿童期的记忆，显示他对母亲给予回应的体验，是感到不足且错误的。他回忆起他的儿童期，有很多次他尝试突然注视母亲，这样她就没时间借着虚假的友善而感兴趣的脸部表情，来掩盖她对他的真正冷淡。而且他回忆起一次特别事件，当时他弄伤了自己，他所流的一些血玷污了他弟弟的衣服。母亲在当下，没有区分究竟是他还是他的弟弟处于害怕与痛苦之中，直接就抱起弟弟冲往医院，而把他丢在后面。

　　关于他的第一个记忆，一个普遍且复杂的问题等待着确定的回答——也就是为什么孩子要重复而主动地去尝试触发他所惧怕的那个认知（或许，有一些类似于我们重复碰触疼痛的牙齿，来测试它是否还是疼痛——只发现它当然还是痛）。这些记忆的心理滋味（孩子的情绪状态是焦虑而期待的渴望）似乎排除了这种解释：孩子渴望把自己暴露于母亲对他的拒绝，来满足被虐待的欲望。我也不相信他注视母亲的脸——化被动为主动——主要是为了在潜在的创伤情境里保留某种控制（当他还处于易受伤害的高峰，例如，当他正期待着来自母亲的正向镜像，借着主动地确定母亲的漠不关心，来防范因为母亲的冷淡而被动地、无预期地被淹没的伤害效应）。我们对他的行为所可能给出的最有意义的结论是，他对母亲与他的同调（intuneness）尚未放弃所有的希望——这个结论与病人的精神病理的诊断类型一致（也就是自恋型人格障碍，而非边缘型人格障碍）。我们可以假定，母亲的神入并非完全缺乏——其神入是错误的而非平淡的；当他伤害他自己，她终究有了回应。如此就偶尔肯定了孩子的价值感，以及其自体的现实存在。

母亲没有能力与孩子同调并回应以适当的神入共鸣，所产生的一个结果是孩子人格的表现癖有特定的发展障碍：他无法在他的表现癖部分（sector）建立充分的升华结构，因为欠缺母亲的原发镜像回应，从而无法建立足够的基础来让母亲有结构的、逐渐有选择的次发回应得以进行［对于孩子的需求，母亲给予适当增加的挫折（optimally increasing frustration）］；于是他维持固着于表现癖的古老形式。既然古老的表现癖在成人生活中不能得到适当的满足，他发展出粗糙的、全有或全无之类的防御结构——他要不就压抑其表现癖而损害了自尊的健康形式，以及对自己与对自己表现的享受；要不他的表现癖就爆发成狂热的活动与狂野的性欲化幻想（偶尔成为实际的行为），其中镜像的自体—客体（总是一个女人）处于他绝对的、虐待的强迫控制下，是一个必须顺从他每个欲望与念头的奴隶。

关于他作为作家的工作——我们必须再度强调的是，工作应该对于其成人自尊的提升有过最大的贡献，也应该对其转变后的夸大—表现癖的自恋压力借着创作而提供了最重要的出口。但因母亲镜像功能的失败所致的结构缺陷，造成可怕的过度刺激的体验。他没有具备充分的结构，来修正或中和他的夸大与表现癖，而这些因为其想象力被动员而被活化。于是当他写作时，他就会变得紧张而兴奋；然后要不就压抑想象力而损害了其作品的原创性与活力，要不就完全中止工作。

然而，其创作之路上的阻碍，不能只靠以下原因的审视来解释：他与镜像的母性自体—客体的关系，以及随之而来的精神装置的原发结构缺陷。因为，他应用于专业活动的能力，主要不是基于原发结构——也就是孕育在他与镜像的自体—客体的关系基质之上而产生的先天能力，而是基于代偿结构——也就是在他与理想化的自体—客体（父亲）的关系基质之上而获得的才能，或至少在稍后的儿童期被决定性地加强的才能。

在处理这些代偿结构及其特定的缺陷之前，对M先生的儿童期的一系列起源上的重要心理事件加以重建，将会有助于我们的理解。我已经说过，M先生的核心自体结构，无疑已经被母性回应的缺乏而严重伤害。同样肯定的是，因为他在与镜像自体—客体的关系中曾经受过伤害，他接着转向理想化的父亲——这是非常典型的心理运作——以寻求他在与理想化自体—客体的关系中的弥补。③M先生在他的儿童期中，必定已经先尝试理想化而后获得（也就是整合入其自体）若干其父亲的能力——这些能力似乎在父亲的人格中扮演着重要角色，且似乎父亲也对此有很高的评价——尤其是父亲在使用语言文字上的技术。无论如何，在他整个青少年期与成年期中，病人凭借着文字，尝试以"目标—抑制"（aim-inhibited）的、社会可接受的方式，寻找其夸大表现癖的努力（strivings）衍生物的实现。然而，这些努力所发源的自体部分，仍保持未被修饰的（古老的）状态；因为其进一步的发展——更精确地说：围绕在它们周围修饰的、替代—提供的（substitution-offering）精神结构的发展——无法借着可靠的回应的压力来维持。而这些来自其母亲的回应，首先是欢乐地接受的回应，后来是逐渐选择性的回应。

对分析师而言，见证病人尝试从情绪的死巷中挣脱出来是很有意

---

③ 此处可以回溯来看，关于病人A先生对其父亲的心理运动（见Kohut, 1971, p.67），我所作的解释并不精确。基于在A先生的分析结案以后，我又体验了数个类似的案例，我现在会假定，A先生对父亲的理想化的强度（及其对父亲失望所致的伤害强度），是由于他更早之前对镜像自体—客体的失望，而不是因为他对更古老的理想化自体—客体的失望。

义的；而这种情绪的死巷就是其人格中的自恋部分的发展被阻碍所致。他曾选择的专业活动（关联于艺术评论）让他掌握了某些很特定的方法，而容许他表达其特别的自恋需求。在他的写作中，描述与批评了各种不同的艺术创作；他如今能够借着运用其父亲的理想化力量，把他对母亲的神入回应的渴望翻译成适当的语句。他甚至对母亲有回应的身体的触感，还有着未减轻的原发欲望；而这样的欲望在他专业活动的追求所必须撰写的若干语句描述中，可以找到象征的表达。

　　他的悲剧是——而此处藏着他寻求治疗的最强烈动机之一——他无法成功地建立具有适当功能的代偿结构，而这是源自其收集字典、喜爱文字、言语明智的父亲；因为他的父亲就像他的母亲一样又让他失望（然而，有鉴于当他进入分析时，他早已进入其写作生涯；因此我们可以有个结论，就是他父亲作为自体—客体的失败，没有其母亲的失败严重）。换言之，其父亲不能容许自己享受被儿子理想化的乐趣；而且他也没有借着神入式参与回应，培育儿子对他的理想化关系的恰到好处的发展，而这是儿子所渴望及所需要的。因而男孩在强化其自体结构的尝试上，再度遭到挫折；挫折也发生在建立功能性装置的尝试上，而这种装置将容许自体透过可靠且可用的创造追求，来进行社会可接受的展现与表达。

　　一个成功的、阶段适当的、小石片脱离大石块般的（chip-off-the-old-block-type）与理想化父亲的融合（或是孪生关系），以及之后逐渐的或阶段适当的对父亲的失望；前者借着暂时参与理想化自体—客体的全能来提升M先生的自尊，后者对于其夸大幻想与表现癖的部分，最终可以提供他适当的缓冲结构与释放模式，并抵消先前与未充分镜像的母亲的心理互动所造成的伤害。确实，他在语言与写作领域的代偿活动，并非全然地失败；而且他从中获得了一定程度的满足。但毫无疑问，不管是他对自己制造的类艺术（quasi-artistic）作品的认同，或是他从中获得的满足——直接地透过其工作的乐趣，或间接地透过公众的回应——都不够用以维持其自恋的平衡。而其分析的进展，的确可以在某种程度上借着逐渐发生于自恋领域的进步来量度。

M先生在语言与写作领域所建立的代偿结构，其疾病的本质究竟为何？该如何治愈他？让我对这两个相互关联的问题简单地做个回答。（1）有关代偿结构功能的障碍，可以这么说，M先生对于从他心里冒出来的、以视觉意象形式存在的幻想，没有能力把它们翻译为适当的语言（一个大学教授曾经有点神秘地说过，他为一种"逻辑"的缺陷所苦。这或许是一种外行人对轻微且局限的思考疾患的诊断）。（2）有关这个代偿结构障碍的治愈本质，精神分析过程中的进步依循着两条路：第一条路是有关母性自体—客体不足的镜像回应，透过对这个区域的修通过程，也就是借着将其夸大—表现癖的驱力，整合入他的人格。当这个部分被修通而张力被激发时，小提琴的拉奏提供了重要的安全阀（参考Kohut，1971，p. 287，关于F小姐的分析中，跳舞提供了类似的功能）。第二条路是透过以下领域的修通过程：当病人对母亲的镜像回应的期待感觉无望，之后决定转向父亲以寻求依恋（尤其是为了分享父亲在语言领域上的权力），但遭遇父亲的撤回。这是关于起源上类似体验的"望远镜化"（telescoping）④的例子（见Kohut，1971，pp. 53~54）：对病人人格的这个部分，一些已完成的关键的分析工作并没有聚焦于早年生活的起源模式，就像它首先一定被概述为父亲最初的挫败的结果；而是聚焦于其前青少年期后期（late preadolescence）的类似的动力模式，而这个部分从精神经济的（psychoeconomic）观点来看，在决定M先生的成人人格障碍的特征

---

④ 译注：科胡特所谓的"望远镜化"的概念，指的是精神可以把重要但非关键的、后来的（俄狄浦斯期之后的）体验记忆，重叠在较早的、特定的病理事件上。

上，似乎很具决定性。特定地说，他记得在母亲死后，他曾经尝试要求其理想化的父亲的关注，但因为父亲对他没有兴趣而感到失望；尤其是因为父亲的再婚——这件事给他带来的体验是一种自恋伤害以及对个人的拒绝。

关于结案的思考——被分析者持续的任务

在移情官能症的分析中，通常结案阶段的特征是重新回到结构的冲突，而这是分析的主要部分（中期阶段）所进行的修通的主要内容。再一次，最终斩断俄狄浦斯期牵绊的必要性似乎就在眼前——即将与分析师做最后的分离，使病人面对其儿童期爱与恨的客体的最终放弃——在他终于决定永远地把这些要求摆在一边，或确实成功地放弃这些要求之前，再一次，病人心中的孩子试图肯定其古老的要求。

在自恋型人格障碍的分析中，修通大致上是有关病人的自体结构的原发缺陷，透过转变内化作用而获得新结构，以促成缺陷的逐渐愈合；而其结案阶段可以被视为平行于一般的移情官能症的结案阶段。被分析者被暴露于这样的理解冲击下：他必须面对与作为自体—客体的分析师的最终分离。这种困难的情绪任务的压力，所造成的结果是被分析者发生暂时的退化；而在这种情况下，其结构缺陷的愈合似乎再度被抵消。换句话说，有一种情形笼罩着，其中的愈合看起来是虚假的，而病人功能的进步并非新获得的精神结构的结果，而是依赖着实际存在的自体—客体。或者，以更不同的术语来描述这种情形：突然间好像修通的过程并未造成恰到好处的挫折，而这会通过微细的内化作用以奠定精神结构并使病人独立于分析师；而是好像病人的进步是借着依靠外在的自体—客体，或者最好的情况，是透过对分析师粗略的、不稳定的认同而暂借过来的自体—客体（分析师）的功能。就这类个案的分析而言，其结案阶段的各种展现之中，经常有些显著的症候指示着与自体—客体的关系的暂时再具体化（temporary reconcretization）。再一次，病人感到分析师正取代了他的精神结构——再一次，他把分析师看作他自尊的提供者、企图心的整合者，看作具体存在的理想化力量并给予赞同与其他形式的自恋支撑。

我们可以举I先生分析的结案阶段的若干细节作为例子（参考

Kohut，1971，pp. 167~168），来清楚地说明分析师的自体—客体功能的再具体化。在一系列几近幽默开放的梦里，I先生透过其身体的不同开口吞入（incorporate）作为自体—客体的分析师及其力量的特性。然后当结案阶段接近尾声，I先生从这些象征的、整体的认同，转回到透过之前分析的修通过程而达成的转变内化作用的结果——他能够带着欢乐期待其未来的自主功能。

然而，在自恋型人格障碍分析的结案阶段，情况有些不同；就像在M先生的案例中，自然被活化的移情与修通过程，牵涉的不仅是原发缺陷与环绕它的防御结构，尤其还牵涉代偿结构。

M先生在分析实际结束的近七个月前，就已表达结束其分析的欲望。现在我请求读者耐心地，让我以下列想象中出自病人的发言形式，来提出我对结案阶段的病人的情绪状态的理论观点。

他对分析师说道："我想我们的工作或多或少已经完成。我们已经充分地强化了我的代偿心理结构，以至于如今我有了活力与创造力，并且可以朝着有意义的目标工作。献身于有意义的目标与创造的行动，加强了我的自体，并给我活着的、真实的与值得的感觉。而且这些态度与活动，给予我足够的乐趣，使我的生命值得存活，并防止了空虚与抑郁的感觉。我已经获得某种心理实质，让我可以追求自体—远离（self-distant）的目标，并可以觉察创造行动中活跃的、创造的自体（我）。换句话说，我已经发现某种心理平衡，存在于产物（我自己的延伸）——我对它一心一意的贯注，以及我完成它的乐趣——与自体之间（生产力的启动中心）——我正在生产制造并在制造完成之后保持兴高采烈的体验。虽然当我从事创造的时候，我因此欢乐地觉察到我自己，但我不再轻躁地（hypomanically）过度兴奋，也不再像我过去习惯地恐惧，我的自体将会因创造力的产物而被榨干枯竭。作为欢乐体验的启动中心的自体，以及我所引以为傲的产物，如今成为牢不可破的心理联结。

"当然，我乐于拥有这些新成就，但是，我也知道我的心理组织的弱点与罩门。而且我也理解，我在人格的这个部分所能达成的关键进步，是借着增加理想化目标的整合；而这本质上代表着当我还是孩子与青少年时，我想要理想化的父亲。然而，我的父亲拒绝了我对他的理想化——这个挫折剥夺了我理想化与之后的去理想化（de-idealization）完整发展循环的体验，也剥夺了在这个心理区域奠定可靠的心理结构（引导的理想）的机会。把父亲理想化的古老渴望，透过移情的再活化，启动了特定的修通过程（一系列理想化、去理想化与内化的反复体验）而加强了我引导的理想。而且如我现在所认知的，要维持我的情绪健康，具有稳固的理想是最重要的事。我相信，这个过程虽然尚未完成，但到目前为止已经有了充分的进步，且容许我今后可以靠我自己继续走下去。

"但我也知道，只依靠处理我对父亲的失望，我不能在男性的理想、工作与创造力领域中达成这样关键的进步。一些自体的根本稳固，在我能够处理父亲对我的理想化的拒绝前，首先必须在分析中完成。毫无疑问，这个自体的初步巩固，比起在我引导的理想区域的修通中的，牵连到更为基本脆弱的自体的结构。换句话说，这个初步的任务聚焦于发展的较早期，而它所牵连的创伤是关于当我还是很小的孩子时，母亲对我的回应——她对我的接纳与赞同。而这个部分的工作，也同样是未完成的。但这个部分的未完成，不同于面对理想化父亲影像的修通过程的未完成。就后者而言，所有相关的面向都已进入分析之中，而可能缺少的是更进一步的练习以巩固既得的成果。然而，就我人格中心位置的弱点的填补而言——因为母亲有缺陷的神入能力所导致的错误回应，我因而受到的创伤的结果——在我人格之中确实存在着若干层面，是我们始终几乎都无法触及的：我感觉这样的层面是我们无法处理的，因为在我之中的某种健康本能会防止我退化到古老体验之中，而这可能造成自体或许无法治疗的崩溃。而且即使我们能够，我们也不需处理这些层面；因为如今我人格中有稳定功能的部分与我自体的维持都已经稳固。"

分析师对M先生言论的反应，将会是反问他自己，是否应该反对病人的欲望，坚持要做更进一步的工作来支撑已经获得的成果。我对这个问题的回应，是认为在若干情境中，被分析者评估其自身心理状态的能力，比起分析师的评估可能更为精确。然而，必须附加的是，此命题无法否定同样有力的另一命题，那就是分析师必须仔细地审视，病人是否可能在特定的恐惧影响下，想要避免承担某些心理任务；而这样的心理任务如果真的执行，将会造成长期的有利结果。但是，就我作为分析师多年来累积的体验，我已经学习到，要信任病人结束其分析的欲望；特别是当它发生在多年的扎实工作之后，当它发生时没有立即的紧急性，以及当我能够对自己（以及用适当的话来对病人）综合论述其欲望的产生基质的动力—结构的情境。

如果我们此时接受病人结束其分析的欲望为真实的，也就是将它当作基于正确的评估，认为他已经获得心理结构而使更深入的分析变得没有必要；那么我们必须探究对他的福祉有如此决定性影响的心理结构的本质究竟为何。或许有人会假设，这些结构出现于儿童期早期，以应对严重的原发结构缺陷。更准确地说，这些结构本身是成熟的产物——其功能的重要性被提升以应对原发的缺陷，而其发展的程度因而提高到超过一般年幼孩子所被期待的程度。如果我们把"病人已经形成这些代偿结构"的这个论述翻译成后设心理学的术语（参考Freud, 1915, pp. 203~204），我们可以说，孩子次发过程的优势被早熟地强调，他发展出对文字的过度兴趣以补偿其原发缺陷。而原发缺陷也就是前语言期的身体—自体与情绪的原发过程，充满了空洞与不安全感的体验。虽然这样的假设，没有被来自儿童期早期的直接记忆所证实，但它被两组资料所支持：间接获得的证据似乎支持说，他确实在儿童期早期表现出对文字的独特兴趣；而且毫无疑问的是在青少年早期，他转向其父亲（并转向对语言的投入），而当时的心理状态（其母亲的死亡）类似于儿童期早期所笼罩的状态（其母亲的情绪远离）。⑤

不论决定M先生人格发展过程的最早的心理先决条件的真相究竟为何，最终的结果是努力透过语言的使用来达成自恋平衡的人格组织。在分析之前，M先生不能达成这个目标；然而，分析成功地治愈了这个特定的结构缺陷，而正是此缺陷造成他先前的努力终归失败。

理论上，病人透过运用语言上的天分，及透过写作兴趣的动员，以获得自恋满足的实现；但实际上有两种心理缺陷阻碍着这种实现。而这两种心理缺陷在分析中都被充分地修通、减轻，使得病人可以结束分析。首先，我要用一般被视为心智的结构模型与自我心理学的理论架构，来描述这两种缺陷。即使此处我运用的是修正过的结构模型，依据的是以下的建议（Kohut, 1961；Kohut & Seitz, 1963）：精神的概念应该再被区分为（1）渐进的中和区域，（2）移情的区域。我想这样的修正特别适用于当下的任务。后续对M先生精神病理的详细检查将会使我们了解，我们以这种方式获得的综合论述解释，无法充分地令人满意。心智的结构模型的架构，即使结合最复杂的驱力心理学的自我心理学阐述，也无法与我们此处要检视的心理障碍的本质充分地契合。为了要理解M先生问题的重要特征，我们必须引入新的

---

⑤ 这里我要与读者分享一个同事在数年前写给我的信中的一段话。他在信中表达对我的感谢，因为研究我的著作而使他得到对自身人格的若干领悟。他告诉我说，他人格的发展曾经被极大地影响，因为儿童期早期其理想化自体—客体（父亲）突然过世而受到创伤。他写道：因为这个丧失，他转向他自己以及文字——如同他借着研读我的著作，而发展出对我的移情，而再度表现。"对我来说，很大部分的自体—客体就是文字……我已经发展出某种技巧，当需要的时候就可以在文句中找到某些东西来说给自己听……以这种方式，我就能够接近很多世上伟大的父亲的指引，借着他们所写的文字……"然后接着描述类似于M先生的发展步骤，他写道："我一个年长的伯母，说我在进幼稚园前就已经识字了……我知道我的亲人习于遮盖瓶罐上的标签，因为我会在餐桌上阅读它们；而很显然地我们的医师曾警告我早熟的阅读该被禁止。书籍被移开了，所以我读那些标签。"

架构：自体心理学——这种心理学处理的是自体的形成与功能，以及自体的崩溃与再整合。

然后，以下是在修正过的结构模型的架构下，以修正过的自我心理学术语来描述M先生的心理组成的两种障碍。在分析之前，"渐进的中和区域"有一个结构缺陷，也就是从原发过程（他古老的表现癖、他与母性的自体—客体融合，以及关于这两组体验的情绪）到次发过程（他的文字、他的语言、他的写作）缺乏平顺的过渡；以及在他的目标与理想的区域有一个结构缺陷，次发地造成其表现癖—夸大—创造的挣扎，不能充分地贯注于整合良好的、稳定内化的目标。没有把夸大—表现癖的力比多加以充分地组织并使其流向稳定内化的理想，将会反过来造成这些执行的（自我）结构无法充分地发展；而这会使他没有能力成功地投入其专业追求并从中获得最主要的自恋满足。

因为我讨论的焦点在结案——尤其是对自恋型人格障碍分析的结案——对于造成病人专业领域障碍的两种结构缺陷，我将不会检视其特定的修通过程的细节。我只会再次强调，第一种结构缺陷的表现为原发过程到次发过程中缺乏平顺的过渡；而从起源的观点来说，这似乎与病人母亲的镜像功能的缺失相关联。而第二种结构缺陷的表现，是病人不能坚持其专业活动的追求；而这在起源上几乎全然关联于父亲作为理想化影像的功能缺失。

当病人觉得分析应该朝向结案迈进的时候，修通确实已经达成这两个区域的某种进步。然而，如我之前所述，他人格中还有一个根本上保持未被分析的缺陷——尚未成为系统化的修通过程所追求的焦点——即使病人不仅已经理解其心理组织潜在地暴露于广泛崩溃的危险，而且还获得了有关这种朝向退化的潜在性的病因学的知识；[6]但病人还是产生了想要结束其分析的欲望，虽然病人（至少前意识地）

---

[6] 熟悉我思想的读者会意识到，此处我把起源的观点与病因学的考虑区别开来（参考Kohut，1971，pp. 254~255，脚注。也见Hartmann and Kris，1945）。

觉察到其夸大自体的中心位置的部分，是建立在不稳定构成的人格基层，并与此基层有联系，且这个中心位置部分尚未被充分分析。无论如何，他知道分析这个部分，并非达成其未来心理福祉的先决条件；而且他还感觉到，不冒着严重危险——没有对他的心理平衡造成永远伤害的高风险——这个部分不能被分析。我相信他隐微地认知到，镜像移情的若干面向的活化，将会透过原始的暴怒与贪婪的再体验，而让他暴露于永远的心理破碎的危险。他还以两种方式间接地表达他对这些潜在危险的觉察：借着发展出身心症状，他的手肘起了红疹——我对此红疹的诠释几乎全然是猜测的，虽然还分析过U先生的病人（当此人的古老暴怒与贪婪被动员，他的右手肘长出红疹）——以及借着提到持续更久的分析而让他对分析可能变得"上瘾"。

关于镜像移情的古老层面的仍未被分析的面向，所有我能说的都是推理而来的。然而我还要指出，病人被他的原生母亲所抛弃，而他从此待在孤儿院直到他三个月大。把这点列入考虑，我相信如果我们有下列的结论，不会偏离太远：他因为儿童期晚期继母的错误的神入，而受到的创伤破坏效应（所指的时期是在语言发展之后，且确实存在着语言化的相关记忆），无法被充分地解释，除非我们也考虑到类似的更早创伤所造成孩子的精神脆弱性。在前语言期中，他不仅因为继母对他的需求一再地回应失败而受到创伤；而且在这些挫折的层面之后，总是笼罩着一种无名的前语言期的抑郁、冷漠、死亡感，以及广泛的暴怒，而这些都关联于其生命的原始创伤（primordial trauma）。然而，不只这些原初状态不能透过语言化的记忆来回忆，无法像语言已经发展之后的创伤能被忆起；而且也不能透过身心症状来表达，无法像前语言期后期较有组织的暴怒能被表达（在M先生的案例中或许是透过手肘的红疹）。原始创伤对病人的心理组织所产生的效应（其人格基本层面弱点的存在），只借着以下的恐惧而被证明：更进一步的分析将变得"成瘾"——换言之，就是对没有返回的退化旅程的模糊恐惧。

　　此处产生的理论问题就是，是否初生的自体可能已经存在于最早的婴儿期；以及如果存在的话，到何种程度（见本书70~72页，对自体的开端应该如何加以概念化的问题讨论）。把这个问题翻译成实际的临床术语，我们必须自问，病人对不可逆的退化的害怕，是否就是对自体的全然失落的害怕：自体以永远的深度冷漠的形式存在；或者就是对初生的古老自体的再活化的害怕：自体在强烈的贪婪、广泛的暴怒与无内容的抑郁之间，以摆荡的体验形式存在。

　　更多的相关问题，牵涉母亲对婴孩的回应——在这个案例中，牵涉继母的回应。不管婴孩体验的精神内部的现实（endopsychic reality）是什么，可以确定的是，母亲从一开始就对婴孩回应，就好像他已经建立一统整的自体，至少在某些时候是如此（母亲对婴孩的回应，从主要对婴孩的部分做回应，逐渐转移成主要对整个婴孩做回应。关于这个问题的更详细讨论，见Kohut，1975b）。假如M先生与继母的关系，在前述的思考背景下加以检视，产生的问题是：他在孤儿院的停留，可不可能间接地干扰继母后来对他的回应（以及如果干扰，如何发生干扰）？

　　有两种可能性都必须加以深思。继母在婴孩的前三个月生命中没有建立与他的关系，这个事实剥夺了她对新婴孩的母性体验的发展系列中一个基本步骤的参与。在正常的情况下，母性回应促进婴孩自体的巩固——母亲把它（婴孩的自体）想象得比实际上的它更为巩固；或者换个方式说，母亲借由领先孩子的实际发展，确实透过她自身的期望来促进这个发展而体验到欢乐。在婴孩的根本自体迈向巩固的最初步骤中，M先生的继母未能参与其中，可能产生几种后果：这可能使得她后来对婴孩的回应，缺乏与他最早的融合记忆的回响；而这个缺乏，可能造成母亲对他的态度中有某种情绪的淡漠，并妨碍完整亲密的发展——而这是母亲与婴孩之间的正常发展；而且母亲对婴孩回应能力的这两种限制，可能造成他们之间关系的恶性循环的发展，因为母亲阶段适当的镜像回应能力受到限制，将会反过来造成婴儿此方面的情绪撤回。

婴孩在孤儿院的停留，可以被视为母亲对孩子的回应的另一个可能的干扰原因。在他生命的最初三个月中，他曾经受到严重的创伤，所以他可能对前语言期后期与语言期早期发展阶段的自体—客体（尤其是对他的继母）以各种不正常的回应做反应。可以预期的是，婴儿期早期受过严重创伤的孩子，当他还是婴幼儿以及还是年幼的孩子时，面对母亲会发展出一种不寻常而强烈的要求倾向（这是最早时期被强化的口欲贪婪持续回响的结果），之后就是暴烈的脾气发作与／或立即的情绪撤回的倾向（最早时期的暴怒与无内容的抑郁持续）。或者因为最早时期的冷漠残余的影响，孩子对后来母性自体—客体的回应可能发生普遍性减弱。因为这种来自婴孩的疏远，很可能过度折磨母亲的能力，使她无法坚持精确地感知孩子的需求并适当地予以回应。母亲因为婴孩的强烈贪婪而过度负荷，并因为他快速的撤回、暴怒与／或冷漠而遭受挫折，所以她从这种饱受挫折感的关系中退缩，而她本来期待这个关系可以提供给她自恋实现的幸福感。

这种情况下婴孩各种不同反应的复制本，也可以在自恋型人格障碍的分析中观察到。而且，就像婴孩对母亲产生的效应一样，这些自体—客体移情可能使分析师的神入过度负荷，并造成其情绪从病人撤回，或是借公开的恼怒表现来攻击病人，或更常见的是，借助道德化的劝诫与假诠释（pseudointerpretations）来攻击病人。

分析师面对若干类型的被分析者所产生的自恋挫折，其实际重要性不应该被低估。从自我观察（self-observation），以及从我所督导的学生与找我咨询的同事的行为来审视，我深知即使分析师具有自恋型疾患个案的心理学的广泛理解，其最大善意也无法可靠地保护他免于反应性地撤离病人，而更糟的是，他会把其撤离合理化为看似客观的判断，认为病人是不可分析的。无论如何，我相信分析师一时感觉情绪上与病人远离，并不会造成多大的伤害——或许甚至有些好处，只要他能觉察其心理冲突而非永远地转身而去。

在M先生的个案中，我倾向于从分析师所描述的移情外推（extrapolate）为特定的起源重建。也就是说，在孤儿院的原初体验，遗留给他暴怒—潜在性的增加与立即而快速的情绪撤回，以回应母性的挫折；而不是倾向留下弥漫的冷漠。但不管婴孩的人格所展现的特定偏差与正常情况相差多远，下面的结论是毫无疑问的：母亲错误的神入不能单独来看；就像个案M先生的继母，大多数情形的评估，都必须被视为对非比寻常的艰难任务的挑战失败。

必须强调的是，我们到目前为止对分析师工作所做的讨论，其重要性只是有限的。分析师对被分析者的儿童期感兴趣，主要不是因为他想要找出被分析者疾患的病因，而是因为他想要决定其关键的起源基础（见本章的注⑥）。他注意力的焦点，主要集中于被分析者主观的移情体验，根据他对这些体验的形式与内容的理解，重建病人儿童期的起源上关键时刻的体验世界。分析师的主要焦点并非——至少在执行其基本任务时——客观现实的资料，甚至也不是孩子环境中的双亲人物的可确定的主观心理状态（虽然后者可能有时是"策略上有用的"）（Kohut，1971，p. 254）。在M先生的案例中，根本的心理事实（其心理障碍的重要面向的起源上关键因子的再活化）就在于他体验其母亲，以及在移情中体验其分析师，当面对其情绪要求时创伤地不神入与不回应。确实，分析师有时可能想要指出（为了维持在现实的架构下——例如，因为病人在移情中所体验挫折的强度，而慎重地考虑中止其分析），病人的期待与要求来自儿童期，而在目前是脱离现实的。而且分析师也可能想在适当的时机，对病人解释，其儿童期需求的强度可能造成他对过去的感知的扭曲（在M先生的案例，造成他对其继母人格的错误感知）。然而，借着修通而产生的根本结构转变，不是因为这种支持的、智性的领悟而发生，而是因为旧的体验被较成熟的精神重复地再体验所导致的逐渐内化而发生。

除此之外，我认为刚才陈述的信念——也就是发生在成功的分析后有益的结构转变，并非因为领悟的结果——一直都是如此，不管对自恋型人格障碍病人的分析而言，还是对结构官能症病人的分析而言，病人的治愈都不是因为诠释。虽说分析的工作，在于使潜意识成为意识的这种说法是正确的；这个陈述也只是分析过程中，真正发生的整个心理转变的一个面向的适当隐喻。

我相信，假如我们聚焦于心理的"微结构"（microstructures）⑦的改变，就可以更精确且更有力地描述治愈的过程。[这里我借用的术语是来自道格拉斯·莱文医师（Dr. Douglas C. Levin），他把深度心理学的发展——起初，研究者的注意力被聚焦于心理的"巨结构"，从这样的时期转变成聚焦于心理的"微结构"——与物理学类似的发展作比较，从研究大质量的力学物理学，转变成研究次粒子的物理学。]把古典移情官能症的微结构改变，用几句话来描述：（1）诠释移除防御；（2）古老欲望闯入自我；（3）经过古老挣扎的重复冲击，新结构在自我之中形成，且能够调节并转化古老挣扎（释放延迟、中和

---

⑦ 中和的（neutralizing）微结构，是借着恰到好处的挫折体验而奠立的，其有关描述请见科胡特与赛斯的文章（1963, p. 137）。而巨结构与微结构的术语也曾被吉尔（Gill, 1963, pp. 8n, 51, and 135~136）相关的文章使用。其文有关心智的机构以及记忆痕迹与意念。

此处我要附带一提，从牛顿的理论到量子理论（波尔、海森堡）的物理学发展，与精神分析从弗洛伊德的后设心理学到自体心理学的发展之间的平行关系超越以下的事实：物理学者的注意力从大质量及其交互作用的研究，转向物质的小单位的研究；而精神分析师的注意力从巨结构（心智的机构），以及与客体的宏观关系（俄狄浦斯情结）的研究，转向精神结构的分子单位的研究。而我还要再次依循莱文医师所论述的思路而指出，现代物理学所认为的重点是物质与能量的根本同一性（essential identity），而自体心理学与之相关的平行重点，在于结构形成是透过与自体—客体的微观关系。最后，还有一种现代物理学的基本主张，就是观察的手段与观察的目标构成一个单位，而这样的单位在若干层面，是本质上不可分的。而这个主张在自体心理学中同等的基本对应物就是神入的或内省的观察者的存在。它在本质上界定了心理的领域（参考Kohut, 1959; Habermas, 1971）。

化、目标抑制、替代满足、透过幻想形成而一心一意等）。被分析者虽然焦虑（在移情官能症中：当面对乱伦力比多与攻击驱力的阉割焦虑时），为了要让自我保持与古老挣扎的接触，运用分析师作为自体—客体——即使是在结构官能症的分析中（！）——也就是作为尚未存在的心理结构之前驱替代物（见本书第四章的注⑧，关于自体—客体关系运用于所有的发展层次、心理健康，以及心理疾病）。一点一滴地，数不清的微内化（microinternalization）过程所造成的结果，就是焦虑缓和的、延迟忍受的，及其他分析师影像的现实面向，都变成被分析者部分的心理装备；而这是同步于被分析者对永远存在且功能完美的分析师的需求所遭受的"微"挫折。简短地说：透过转变内化作用的过程，新心理结构被建立。必须附带一提：恰到好处的分析结果所根据的不仅是新结构的获得，而这与先前压抑的、目前释放的古老驱力—欲望直接相关；而且先前孤立而病态的人格部分次发地与围绕的成熟部分建立广泛的接触，因此分析前的人格资产得以加强与丰富。

回到结案的主题：我已经（见本书11~14页）提过两种不同的结案症候群——古典移情官能症的分析，其结案阶段倾向于发生研究清楚的心理事件；以及自恋型人格障碍的分析，其结案阶段倾向于发生迄今尚未研究（相对而言）的心理事件。后者值得在此进行更多的描述。它们以两种形式发生：一种分析工作的主要焦点是有关原发结构的缺陷；另一种则是有关代偿结构的复健。第一种症候群的案例，如我之前所指出的，我们可以看到自恋移情的再具体化——回到未缓和的坚持，认为外在的自体—客体应该维持病人的自恋平衡——就好像曾经所有使自体—客体转变成为心理结构的进展都是虚假的。而第二种的案例，也就是我目前正在处理的情况，其中工作的主要焦点是有关代偿结构的功能复健；就像我将用M先生的案例来说明的，我们可以发现代偿结构的再外在化（re-externalization），以及在这个区域以整个的"见诸行动"形式，看到结构—建立的工作的具体化

（concretization）。这种案例的结案阶段，就像主要重点在于原发结构缺陷的分析一样。有段时间看来，它也会好像所有透过修通过程而曾经获得的结果都是虚假的，好像代偿结构从未被真的强化。简言之，有人或许有这种印象，认为修通与内化过程最原始的前驱物现在才开始被动员起来。用有点概要的方式说：M先生的分析，首先成功地活化（母性）镜像移情的若干层面，而这些与童年早期后来（也就是已经获得语言使用的年纪）的致病体验相关。基于这个部分所获的进展，分析能够活化（父性）理想化移情；而且因为后面这个部分的修通，得以强化并复健若干特定的结构，且决定性地促成M先生心理福祉的开展。下面，我们要对病人在分析的末期，在不同的时间所采取的三个看似不相关的行动进行检视，来说明M先生分析的结案阶段的意义——依我来看，主要讲的就是真正的结案阶段。

这里的三个行动，关联于M先生分析结案阶段的开始，依我讨论的顺序排列如下：（1）病人买了一把昂贵的新小提琴，然而几乎同时，他决定较少投入于这个乐器的拉奏；（2）他转向与一个青少年的关系，并容许这个男孩把他理想化；（3）他开办一所"写作学校"，来自社会各界的学生可以在这里学习"如何把他们的意念分解成可处理的部分"，以及透过"增加他们对文字意象的感受力"，来学习如何把意念转变成写下来的文字。

在分析中，这三个活动先后出现的顺序，正好与我讨论的顺序相反：M先生开始考虑开办写作学校的时候，是在分析结束前一年的深秋；同年十二月，他与男孩的关系开始——而在隔年（结案的那年）的三月，在一场棒球比赛中特定而深刻的体验达到高峰；不久之后（结案那年的四月初），他买了那把小提琴。然而，这三个活动结束的顺序比它们开始的顺序更有意义。M先生对昂贵小提琴的兴趣是非常短暂的；他与男孩的关系持续较久，且时间超过了前者；而他对写作学校的投入，坚持得更久，造成他自己身为作家的活动的加强，并使这些活动对他有更深的意义。这三个结案前的活动，其结束的时间顺序的重要性，是因为它标志着特定的、渐次生成的（epigenetic）顺序的揭露：小提琴的购买与出售是情绪转变的展现——而这种情绪转变是M先生准备面对与青少年的关系体验的先决条件；而小提琴的交易及与男孩关系的体验，是更大的内在转变的展现；这使他能够朝着有功能的自体的开展，迈出最后与最关键的一步——而这一步是透过他在写作学校活动这一媒介而达成的。

我要强调我的看法，就是这类活动——我把它们叫做"行动—思考"（action-thought）——并不构成一般意义中的"见诸行动"（acting-out）。换句话说，它们不应该被看成阻抗，看成借着行动来达成记忆或领悟的防御置换（defensive replacements）。⑧它们是被分

---

⑧ 在一些科学方法论的研究者所持看法的情境脉络里，有人经常提醒我，科学上若干先驱实验是不可重复的；这些实验构成了一个理论或新发现原则的说明；而且与实验者本身的信念相反，这些实验无法提供成套的控制下的实证资料，而理论可以根据这些资料借着归纳推理来建立。依我之见，这类实验也是行动—思考，也就是一种以行动表现的思考（acted-out thought）形式。假如这个看法是正确的，那么这些实验将会类似于被分析者的那些行动——就像是M先生的那些行动。它们是被分析者正在获得的领悟的说明。换言之，这些实验是演出（enactments）——先驱心智的思考过程的具体化。它们不是原发的安排以促进发现或测试假说。我要附带一提，在这个角度下，不仅检视若干物理学上的关键实验是有趣的——就像对牛顿的实验与观察曾经进行的检视（参考Koyré，1968）——而且对若干行为科学的基本观察进行检视也一样有趣。例如，弗洛伊德早期的临床观察的某些面向，尤其是他根据使潜意识成为意识的理论所达成的治愈，在这种情境脉络下加以检视，可能会收获良多。以当前知识的观点来看，在这些早期分析中，被动员与维持的修通过程并不适当；而依据弗洛伊德描述他当时所运用的方法，眼前没有分析师能够重复这样的治愈。病人症状消失的真正原因，或许是弗洛伊德已经发现精神分析治愈原则之一的重要面向，而他对这个新发现的领悟的坚强信心感染了病人。正是他人格的压力以及他独具魅力的肯定，透过建议而造成病人行为的改变。而他把这样的改变当作透过诠释而达成的结构改变的展现。早期的治愈因而是正确原则的完美演出的说明。而真正的治愈（行为改变的达成是结构改变的展现），只能在很久以后才能达成；而那时弗洛伊德除了已经理解治愈的基本结构原则，还掌握了经济原则的重要性（重复、修通）。从观察没有包括修通过程的情境，得到结构官能症的精神分析治愈的正确理论（使潜意识成为意识的），在某种程度上相当于获得正确的自由落体加速的数学公式（参考Koyré，1968），而观察中并未考虑落体的形状、空气阻力、海平面及地理纬度的影响。

析者迈向建立心理平衡的大道的最后步骤。确实，行动—思考是信息的非语言载体，而它们的意义最终应该对病人进行诠释。但它大部分由行动模式所组成，根据病人实际的天分、企图心与理想而被创造地发动；它并非意味着要被放弃，而是需要进一步的修正与改良，以对他后分析（postanalytic）人格的自恋部分的精神经济的（psychoeconomic）稳定平衡，最终可提供他可靠的维持方法。虽然如我所言，这类活动的意义应该对被分析者诠释，而它们的功能也应该被解释；但分析师不必期待它们会因为领悟而被放弃。以先前提及的"适当隐喻"的话来说，分析师不必期待行动—思考会因为正确的诠释而消除，就好像它们是神经症的症状一样。它们并非退化的步骤，而是构成一种并非完全，但是几乎完全（not-quite-but-almost）的前进运动；它们是部分的成就，不会也不应该被放弃，除非直到它们被其他活动替代；而病人可以认知后来的活动为其自体更为真实的实现，当他达到自恋能量的持久运用，以追求其长期的目标时。⑨

现在让我们开始一一研究M先生所投入的三个活动，而在这些活动之后的某次会谈，他第一次确信地表示他的分析工作接近了终点。

M先生买了一把昂贵的小提琴的同时，他放弃了拉奏这个乐器的主要兴趣，这是从前语言的情绪性（emotionality）（音乐）离开的重

---

⑨ 莫瑟（Moser, 1974）举了一个特定的创造性活动的例子，讲的是聚焦于被分析者的"代偿结构"的自恋移情的解除和被分析者经过这样的冲击所进行的活动。莫瑟写下被分析者在分析结束之前与之后的感人经验。我必须强调，我无法根据这篇非科学的、纯文学的、自传性的文学作品，来评估这种特定尝试在分析上的适当性（亦即非防御性），而此种尝试就是把新释放的自恋能量贯注到特定而创造的追求之中。但我已经观察到一些病人，他们在分析的结案阶段开始投入于某些非常专注且创造的努力中。对这种被分析者的整个行为模式的评估——尤其是一种安静笃定的态度——让我得到以下的结论：这种病人的创造活动——而且M先生似乎也属于这种人——并非想要妨碍分析过程的完成的一种防御举动的展现，而是被分析者至少有了初步决定的指标；他们借着初步决定的自体形式，尝试从今以后要确保其统整、维持其平衡，及达成其实现。

要步骤的演出，这也是他放弃透过直接的感官诉求来满足其表现癖的一种演出。而我们从他其他的演出的审视，也会知道他从音乐向语言的思考迈进，从较原始的表现癖形式向较为目标—抑制的尝试迈进，而这种尝试就是透过写作来束缚其表现癖兴奋。用术语来说，病人正从镜像的母亲转向理想化的父亲。

M先生在分析过程中，开始拉奏小提琴，这是儿童期后期的母性镜像移情的修通的一部分。如我之前所提，就像F小姐的舞蹈课程（Kohut，1971，p. 287）一样，他小提琴的拉奏是精神分析式家庭作业的一种形式。而他通过这样的作业，尝试以现实但满足的方式，学习着表达他表现癖的挣扎。然而，病人新获得的结构，使他能够享受其表现癖挣扎的表达：在伴随乐器拉奏的幻想中，他对其夸大自体提供众人的羡慕眼光，而他把它们体验为"母性的"；而不再被母性的不感兴趣的压倒性挫折的恐惧所抑制，也不再担心更大的恐惧，亦即他会因轻躁的过度刺激，而体验到表现癖自体的溶解。小提琴的拉奏与伴随的聆听群众的羡慕的幻想，足以应付其过度的表现癖需求；而这些需求在移情中变得活化，但不能在精神分析情境中被充分吸收。小提琴拉奏可以减轻移情带给病人的精神张力，而使病人能够坚持精神分析的工作；它也为修通的目标做出自己的正向贡献，透过在自恋挣扎的创造运用部分，建立暂时可用的结构。

然而，当他买了那把昂贵的小提琴之后，他不要投入其中的决定，是另一个演出，来表达他所达到的心理发展阶段。他并非在音乐领域上有超乎寻常的天分。换句话说，运用音乐作为其夸大欲与表现癖的转型与表达的载体，并非因为先天存在的或早期获得的特殊能力而被优先决定。这可以从以下事实得到解释：（1）从他未成形的、古老的表现癖到他透过音乐表达来展现的步骤，比起从他未成形的、古老的表现癖到他透过言语表达来展现的这个步骤，要来得小而容易⑩；（2）将他夸大—表现癖的挣扎的主要部分，投入于语言表达的写作领域，以创造为目标的步骤——此步骤确实最终会结合其内在天分，并提供给他自恋领域的稳定平衡——需要先稳固他作为职业作家的理想，或者是作为文字领域的艺术家的理想。换言之，只有当病人成功地修通了来自他理想化父亲这边的创伤之后，这个步骤才可能达成；因为父亲影像在文字领域的创造活动上具有开启理想的功能。换句话来说，正是M先生分析的最终成就，使他在创造的工作中，能够促成其人格的自恋部分的三个主要成分的合作，并且促成其自体的综合（synthesis）。分析打开了他欢乐的自我实现（self-realization）之路。他作为作家的工作，使他能够满足对母亲展现自己的夸大—表现癖挣扎，满足与理想化父亲融合的需求，并享受他所拥有的真正天分的运用。

对M先生分析的结果，以动力—结构的术语加以综合论述，并使它合乎多重功能（multiple functions）的原则（Waelder, 1936）似乎是可能的。这个多重功能指的是借由自我（执行若干自我功能的天分）促成原我（对母亲的性欲爱）与超我（对敌对父亲的认同）的顺利合作。然而，客体—本能的挣扎在M先生的心理障碍及其治愈的过程中，最多也只是扮演着次要的角色。要紧的是，有功能的自体必须透过其两个主要成分的分析而被重组与加强。毫无疑问，这个任务的达成，会次发地改善M先生人格的客体—本能部分的平衡；而这个部分过去被迫为自恋的目标服务，而无法自由地追求其目标。但客体—

---

⑩ 第一眼看来，这个论述似乎不证自明。的确，就大多数人而论，这两个步骤间的比较推测无疑是精确的。然而，同样的问题如果牵涉到的是很有音乐天分，且在音乐表达的细微变化上经过训练的人，这种比较是否还是成立，可能就有商榷的余地。对真正的音乐人来说，高度发展的非语言音乐过程的存在是毋庸置疑的。而且对这种人来说，音乐活动可以对其自恋平衡的维持，做出关键的贡献。（关于这些问题的详细检视，请见Kohut & Levarie, 1950, pp. 73~74与Kohut, 1957, pp. 395~397 and pp. 399~403）

本能部分的改善不是分析的直接结果，也不能被当作自恋驱力变成客体—本能驱力的变形的结果——也就是驱力目标从自体转向客体的改变。客体—本能领域的进步，应该被视为受人欢迎的红利，由于自体的复健而被次发地获得。更稳固与更满意贯注的自体，能够得到自恋实现的欢乐，也因而可以在原发的自恋目标的投入以外冷静地、放松地变成客体—导向的追求的中心与协调者。而这意味着释放自体，免于承担那些为了自尊的提升而防御地追求的需求所必须承担的负荷。

预告M先生的结案决定的第二个活动，构成治愈过程的另一个中途站。在他分析的第三年，M先生强烈地投入与一位青少年的关系，并允许他对自己的理想化。虽然这段友谊的发展，在M先生真正思考是否该结束分析前就已经开始；但它发生的心理背景与伴随的修通过程（关联于理想化父亲影像的区域）与他后来开始思考结案的事实直接相关。我认为M先生对十四岁男孩的浓厚兴趣，应该在结案的动力学的情境脉络下来看。而我这样的看法，主要是得自对关系中再演出（re-enacted）的内在心理内容的审视。此外，与男孩间最突出的再演出——我稍后将会描述与讨论这一段过程——发生的时机几乎刚好就在M先生首次说到分析接近终点的感觉之前。这就支持了两个事件间有因果关系的假说。换个方式说，他与男孩的关系，是关键的内在转变（与作为外在自体—客体的父亲分离及理想化双亲影像的内化）的外在的演出，使他能够宣布离开分析师与依靠自己的欲望。

M先生原来就与一个家庭有交往，后来也经常拜访他们，主要原因是他已经对他们的幼子发展出强烈的兴趣。他既被父亲对儿子的态度，也被儿子的人格所迷惑；而且他把儿子的人格视为儿子与其父亲关系的分支。依据M先生对其分析师的描述，一方面父亲尊重他的儿子，以成熟的方式与他互动，把儿子看作独立于自己的个体；然而另一方面，父亲感觉与儿子是亲近的，不会从他身上抽离开来。而这个男孩至少在M先生的眼中，是骄傲、独立、自体肯定的，且温和而尊敬地对待父亲。⑪

M先生通常与男孩的接触，是在男孩全家都在场的情境下发生；但他也有数次带男孩外出——去看棒球比赛或摇滚音乐会，而扮演起大朋友、大哥哥或父亲的角色。虽然男孩对M先生的崇拜是公开而明显的，且M先生也意识到他自己对这段关系的迷惑，但在M先生心中并未激起属于同性恋一般的感觉。然而，有一次当他们参加一个棒球比赛，M先生对男孩的感觉很容易被错误诠释——尤其是对经过精神分析训练的心智而言。表面上看来，有人可能轻易地从M先生的感觉与行为上推论，说M先生认为——基于其自身感觉的投射，就像传统分析的思考模式所建议的——男孩与他正在恋爱之中。而真实的细节如下：M先生在棒球场的观赏群众中认出了他前女友；但他起初避免碰到她，因为他担心假如转向那个女人而中止对男孩的全部注意力，将会让这位青少年同伴感觉受伤。然而，在一些犹豫之后，他终究还是向她打了招呼，同时也明显焦虑地、密切地观察着男孩的反应（还记得当M先生还是孩子的时候，如何焦虑地观察其母亲的面部表情——见本书5~6页）。当他理解到男孩根本未受困扰，M先生感受到不可胜数的欢乐。他知道某件重要的事，已经在他身上发生；而这件事他无法理解但想要去弄清楚。

分析的审视，的确给他带来这个事件意义的令人满意的解释。关于那个男孩，他所体验到的不是与父亲之间被动的关系的重复，也不是对他父亲的新太太的古老嫉妒的再演出［活化的反向（negative）俄狄浦斯情结］。这个事件是成熟的发展阶段的展现描写；其中男孩是主要演员，而他自己扮演的既是支持的角色，也是观众。而这个事件也是病人从未达到的心理阶段的描写；他正处于这个阶段的到达过

---

⑪ 我相信，在我们的研究架构下，弄清楚M先生对这对父子的评估正确与否是无关重要的。或他是否依据当时所投入的修通过程的需求，而修改了他的评估，也无关要旨。

程；起先他想要在一个（可丢弃的）自体—客体（孪生子——或许是来自他与其成兄弟关系的人物）身上观察这个阶段，然后他才可以容许自己认知，实际上是他自己完成这个步骤的，而非男孩。［参考以孪生子（另我）移情为基础而发生的修通过程的描述（Kohut，1971，pp. 193~196）。］在这个与男孩的事件中，他的确演出了一个成熟化的步骤，而他从未在他自己的青少年期完成这个步骤。他的参与体验因而并未牵涉三角关系情境。他所安排的舞台布置，牵涉从理想化父亲脱离而达成独立，以及透过理想化父亲的功能的转移内化作用达成心理上的自足（self-sufficiency）。而且他体验到一种深度的欢乐（joy）感——不是感官的享乐（pleasure）！——伴随着他的觉察：他已经达成其自体的决定性巩固。

　　这里我要附带说明的是，我并非随机地使用"欢乐"与"享乐"的术语。欢乐被体验为一种更广阔的情绪，就好像是被成功所激发的情绪；而享乐，无论可能多么强烈，指的是一种局限的体验，就像是感官的满足。从深度心理学的观点来看，我们甚至可以说，欢乐体验的源头，不同于享乐体验的源头；这两种情感形式都具有其自身的发展路线，而且欢乐并非升华的享乐。欢乐关联于整个自体的体验，而享乐（虽然经常发生整个自体的参与，并提供了欢乐的混合物）关联于自体的部分与成分（parts and constituents）的体验。换句话说，存在着古老形式的欢乐，而关联于整个自体的古老发展阶段，就好像存在着自体的部分与成分的体验，其发展上的古老阶段。因此，有升华的欢乐的说法，就好像有升华的享乐的说法。

　　M先生所采取的第三个活动，是创办一所写作学校。这样的创业意念，对他来说，并非直到此刻才首次出现；他曾经在分析的早期提过这个念头。但现在这个意念随着活力增加而再度出现；这是他为了自体的重建，而决心认真地执行最后步骤的展现。他的内在信念是他快要完成这个任务了；而这个信念是他后来感觉准备好结案的逻辑前兆。这个意念的出现，带给他一种灵感启发的感觉；也就是说，某个夜晚他从睡梦中醒来而这个意念再现，且就像一股有效的推进力而催促他采取行动。我相信，这可以被视为一个征兆，就是他正动员其所有的力量，以追求一项困难的任务。⑫

M先生对他任务的反应，是再活化其创办写作学校的计划；而在我们开始检视其任务的本质之前，让我们先来看他对想要进行的任务的反应的细节。当他第一次开始专心于这个意念时，他担心他的计划会落空，担心它最后只是自己的心智内容，只是一个想法，他也担心会对它丧失兴趣且不会真正执行。这样的担心是有意义的。这表示他隐微认知的恐惧，就是他心理的组成中仍缺少某种东西，只有领悟并不能治愈这个缺陷，一个空洞仍需要被填补——以精神分析的术语来说，就是新结构尚待形成。当病人表示了对分析工作将会失败的恐惧，尤其是当他对某种抑制的所有原因有了充分的修通领悟后（也就是说，对可能相关的结构冲突有了充分理解），却感觉无法改变其行为，不能变得有建设性且活跃。这时候，分析师不仅应该考虑潜意识罪恶感的效应（一种负向的治疗反应），也应该，且最先要考虑持续的结构缺陷的存在——它经常存在于未被认知的自体障碍领域。

M先生透过与他青少年的另我（alter ego）在棒球场的演出，再度证明了在父亲与儿子之间的关系架构下，其结构缺陷的治疗将要发生——实际上这个治疗已经发生，但尚待巩固。而他再一次扮演起父亲的角色，但他提供给儿子的，并非父亲人物的理想化面向。这次他是一个老师，而且他是一个机构（一所学校）的一部分。也

---

⑫ 在针对若干英雄人物——反对纳粹政权的孤独抵抗者——以及对其他面对极端困难与危险任务的人所进行的一个研究（尚未出版）的过程中，我发现这些人的清醒时刻，可能发生预言的梦，甚至是幻觉体验，但他们很显然并非精神病患（psychotic）。我的结论是，在极端的情境下，创造来自上帝般的全能人物所支持的幻想，这样的创造能力应该被视为健康的心理组织的资产。（参考科胡特有关"创造力的移情"的论述，1971，pp. 316~317；另见Miller, 1962。）

就是说，他是被规划的外在结构的一部分，准备被儿子（学生们）所内化。而被教学的主题（M先生借着进行这个计划，来促进这个特定结构的内化）牵涉语言文字的运用，当然也具有特定的意义。学生必须获得的心理结构，被规划为使他们能够把没有形状的意象，转变为定义清楚的文字。精确使用的语言变成结构，而执行将学生的"意念分解为可处理的部分"的心理功能；并作为达成学校的最终目标的中途站：使学生能够成为有创造力的作家。以后设心理学的术语来表达，亦即M先生提供给其另我的结构（教导他的学生），是目标—抑制的、释放—延迟的、替代—提供的语言模式，而把原发过程的意象（imagery）转型为次发过程的语言意念（verbal ideation）。但是，他还给予他们更多的东西。当他第一次勾勒出他的教学计划，以及描述他后来实际的教学时，M先生没有告诉分析师，但分析师可以从他对学校的兴奋报告的弦外之音清楚地推论出，他还提供灵感与对工作的热诚给他的学生。在开办学校与作为启发的老师的过程中，他证明他不仅理解其自身精神的重要部分存在着缺陷——经由代理而理解学生必须学得新技能——他也理解以新结构（以及新结构的功能维持）填补这个空洞，仰赖着启发的父性理想的存在。因此，对M先生而言，学生所代表的不仅是他的儿童期——他对文字的天分仍未开发（M先生轻度的思考障碍）；学生也代表了他的青少年期——他目标—建立的理想尚未在自体的结构中完全地奠定，且仍然需要内化一位理想化的"父亲—老师"（father-teacher）。唯有其目标—建立的理想的组织效应，结合其特定的天分与技能，才能提供M先生自己所描述的"稳定的能量流"，而不是他先前对分析师所抱怨的"总是具有破坏性的爆发"。

自体透过精神分析的功能性复健的概要

先前我提出的资料，是为了支持我以下的主张：即使并非所有的结构缺陷都已经被动员、被修通，且透过转变内化作用被填补，分析仍可以被认为本质上已经完成。这里可以补充一句，一个真正的结案，并非借由外在的操作而达成。它就像移情一样，是事先决定的；正确的精神分析技术所能做的，不能容许比它自然演化还多。

M先生分析前的人格，有下列重要特征：（1）他受苦于核心自体中不同区域的缺陷；（2）他曾经发展了防御结构，以掩盖其夸大自体的缺陷；（3）他曾经发展了代偿结构，以增进其核心自体健康部分的活力，并隔离与回避其缺陷的部分。

他核心自体所受的伤害是广泛散布的。它影响了这个核心自体结构的三个主要成分，也就是两极的区域——夸大—表现癖的自体、与理想化双亲影像——与中间的区域——执行的功能（天分与技能），这是为了实现根本的企图心与根本的理想模式所需的功能，而在两极的区域中被建立。然而，在自体的三个成分之中，伤害既非同等严重，也非类似地分布。在夸大—表现癖的自体区域，其缺陷最为严重且扩及最深的层面；在理想化双亲影像的区域，其伤害仅有中等程度且只及于较浅的层面；而在自体用来表达其模式所需的天分与技能的区域，伤害似乎只是轻微的且局限的。以较不严谨的陈述来说，就是M先生分析前的人格在自尊上有严重的障碍，在引导的理想上有中等障碍，以及在他观念形成（ideational）的过程中有轻微而局限的抑郁的缺点。

M先生的防御结构，在生命的早年无疑就已经产生，且似乎构成其人格中一稳定坚固的部分。这些结构（以及源自它们的观念形成与行为的表现）并未被广泛地讨论；它们无法确定得到我们的原发注意力，是因为与病人结束分析的欲望相关的心理事件情结（the nexus of psychological events）中，它们并未参与到可被注意的程度。且大致来说，这些结构的未被注意可以被视为预后良好的征兆，它们在结案的阶段并未变得明显地加强。它们确实在治疗的一开始是清楚而显著的；而且当自体的原发缺陷的若干面向卷入移情中时，它们在修通的过程中被重复地再活化。然而，当移情从镜像的母亲转向为理想化的父亲——当修通的重点不再是有关表现癖的需求与挫折，而是理想的内化与代偿结构的同时复健，这些结构最后就撤回到背景之中且几乎消失。

M先生的低自尊，是母亲对他有缺陷的神入的结果；这个人格层面与他对女人的虐待幻想的出现，二者间存在着起源—动力的关系。虽然这些幻想有时直接进入移情中，但它们很快就撤回到背景之中，只要当分析的焦点转向父性的理想；而且它们在结案阶段不会被明显地再活化。

为何防御结构在M先生的人格中，扮演的是相对次要的角色；而且为何当起初的镜像移情被修通时，它们相对地容易被处理？还有，为何M先生对女人的虐待癖（sadism），这个最清楚定义的防御结构，主要的表达方式是透过幻想而非出现于实际生活中？对这些特定问题的回答，需要对相关的一般问题进行检视；也就是为何一些人见诸行动，而另外一些人创造了精神内部的改变。在本书的重点部分，我们会讨论自恋型人格障碍（narcissistic personality disorders）与自恋型行为障碍（narcissistic behavior disorders）之间的差异。这个任务——包括面对此特定的问题：为何M先生的障碍比较属于前者而非后者的类型——将会在稍后进行（见本书134~138页）。此处我要说的只是，M先生与父亲的关系（以及从这样的关系基质所产生的人格的代偿结构）虽然有缺点，但至少他们的关系已经部分成功地提供给他自恋的支持。最少我们可以说，与理想化父亲的关系必然曾提供他希望：他还是可能找到可靠的自恋满足获得的方法；即使母亲影像不能被信赖，无法对他自恋的展现提供自体肯定的欢乐的回应。

在分析的早期部分，分析工作聚焦于M先生人格中原发缺陷的部分；但他的自恋人格障碍的治愈，无法单纯或甚至是主要地，透过自体的原发结构缺陷的治疗（经过防御结构的分析之后）而达成。在这个阶段中，M先生逐渐可以理解，像是他的虐待幻想就是服务于防御的目的。他可以认知到，这些幻想不是自发的本能挣扎的表现，而是因为他所受的自恋伤害的反应而被动员——这些幻想出现于移情时，是应对分析师的某些活动（例如时机不对的或不精确的诠释）被他体验为非神入的。一方面，这些虐待幻想是他自恋暴怒的表现；而另一方面，它们保护他免于对抑郁与低自尊的痛苦觉察。有关M先生的原发缺陷区域的一些分析心得：这个分析阶段（原发的镜像移情）的修通过程促成内化，也就是促成一定量的稳固的、自体—产生的（self-generated）自体接纳与自尊的获得。然而，对M先生人格的这个部分的探究，离完全还差很多——他有缺陷的（抑郁的、嗜睡的、"死气沉沉的"）自体的较深层面（他在孤儿院停留时的自体），从未在移情中完全地暴露出来。而且我相信这样的结论是适当的：对这个部分所完成的分析工作，不能解释M先生最后透过分析所达成的心理福祉状态的巨大改善，也无法使分析师接纳他结束其治疗的渴望是合理的。换句话说，有关M先生的防御结构区域，与其自体的原发缺陷区域所达成的结果，不能使他认知到，一种部分可靠的内在平衡状态正要出现——而这是他现实中想要结案所根据的认知。而在这种情形下的结案决定的伪造性，将会因为防御活动——对女人的虐待幻想——带着完全的强度回复而变得很清楚；只要当病人理解到，分析的终点近在眼前，且移情（镜像移情）将要被放弃。

事实上，在M先生的案例中，关键的改善发生于代偿结构，而不是发生于夸大—表现癖的自体区域；根据这个事实而建立的原则是，一个分析的有效结案可以用这种方式达成。当然不用说的是，在很多其他的案例中，关键的改善牵涉到自体—表现的源头——核心的夸大—表现癖的自体的缺陷。

然而，在M先生的案例中，分析促成来自其夸大—表现癖的自体组织中，其人格的有缺陷的最深层面的排除；但分析同时使夸大—表现癖的自体中，如今被强化与扩展的健康层面的挣扎，得以透过创造发挥的活动而表现。如今这些活动的执行可以更有效率，因为分析已经建立了功能更稳定的理想化目标的结构；而这样的结构可以服务于重获活力的夸大自体，作为其古老企图心的组织者。分析也促使原本就存在的执行装置（executive apparatus）更为强化与精炼。我们可以期待：一方面是表现癖与企图心的压力，另一方面是完美的理想的引导，如今将能驾驭先前存在的天分与其相关的部分发展的技能，以服务于长期的现实目标；并能启动与维持技能上与表现上的功能持续改善的过程。

把这段摘要转译成一般的论述，就是自恋型人格障碍个案的精神分析的治疗，当已经能够在自体的领域中建立一个部分而不中断自恋挣扎的能量流，可以借此朝着创造的表现前进——不论其人格的成就所造成的社会冲击多么局限，不论其个人的创造活动对他人来说多么不重要；我们可以说，这样的治疗已经进展到本质上该结案的终点（已经促成这个病人的治愈）。这样的部分，总是包括了表现癖与夸大企图心的中心模式、一组稳定内化的完美理想，以及一系列相关的天分与技能。而天分与技能系列可以在两方间斡旋：一方面是表现癖、企图心与夸大欲，另一方面是完美的理想。回到我们的临床案例，以最简单的术语综合论述其自恋领域的心理健康，就是当M先生放弃借助于虐待来达成强制的欢呼幻想以加强其被拒与脆弱的自体的徒劳尝试，而转向以创造的表现模式来供应其自体的健康部分的成功尝试，我们就可以说，真正的结案阶段已达成了。

更多的临床说明

对M先生的分析中，与他结束治疗的决定相关，出现了起源—动力的集合体（constellations）。随着其相关讨论告一段落，我已经接近这本书的第一部分的终点。在这本书里，我的目标是想要说明代偿结构在人格中的特殊位置，并提供具体的基础，以及为后续的部分章节展开较抽象且一般的思考之用。借着简短描述两个心理动力类似于M先生的其他病人，让我整理一下这个部分的工作。

第一个是U先生的分析，一位五十出头的单身男士，他是一位有潜力、很优秀，但事实上相对地不成功的小型学院的数学助理教授。这个病人的主要症状是恋物癖的变态（perversion），尚未在前两位分析师的持久努力下屈服；且依据被分析者的看法，这两位似乎都聚焦于他的俄狄浦斯焦虑。他们依循古典的综合论述，似乎对恋物癖意义的诠释是根据一种（自我发生分裂）否认（Freud，1940，p. 277），是被阉割焦虑所推动，因为女人（母亲）没有阴茎（Freud，1927a，pp. 156~157）。然而，当他与我进行分析时，有关恋物癖及其意义的联想材料，却以不同的样式排列整理。病人沉溺恋物癖，是应对其夸大自体的原发结构缺陷而产生；而发生这个缺陷是因为他怪异而非神入的、不可预测的、情绪表浅的母亲的错误镜像。如同在移情中所能重建的、对他母亲后来行为的审视（对待她的孙子，也就是病人弟弟的孩子），她使病人的核心自尊处于其无法忍受的强烈且突然的摆荡之中。在不可胜数的场合中，她显得全然地投入于她的孩子——过度地爱抚他，对他的需求与渴望的每个细微处完全同调——只是她也会突然地撤离，不是把她的注意力完全转向其他兴趣，就是概略地与怪异地误解他的需求与渴望。

他很早就从他母亲带来的创伤的不可预测性中撤回，转向若干纺织品的安抚触感（就像尼龙丝袜、尼龙内衣），而这些在他童年的家中随手可得。它们是可靠的，而且它们构成了母性的美好与回应的精髓。移情材料也暗示着更早之前的（前恋物癖的）替代物的存在，以取代不可靠的自体—客体：他习惯于同时碰触若干柔软的自体—客体的替代物（一条毛毯的丝边），并轻抚他自己的皮肤（他的耳垂）与头发，以创造一种他能完全控制，并与其融合的非人的（nonhuman）自体—客体的心理情境。这样也剥夺他体验人性的（human）自体—客体的结构—建立的、恰到好处的失误的机会。

然而，分析中的关键工作，并非针对着母性的自体—客体的替代物，亦即恋物癖；而是针对理想化影像，亦即父亲。在童年早期，病人就已经尝试确保他的自恋平衡；本来试图从母亲获得自体的肯定，但因为她不可靠的神入而放弃；之后试图转向与他理想化的父亲（类似于M先生的父亲）融合，而他专精于数字（他也是个优秀的棋手）也对抽象逻辑感兴趣。但U先生的父亲，就像M先生的父亲一样，不能适当地回应儿子的需求。他是自体—专注的、虚荣的，而且他令儿子想要与他亲近的尝试受到挫折，也剥夺他所需的与理想化"自体—客体"的融合，因此也剥夺他逐渐认知自体—客体缺点的机会。病人因而对理想维持固着于两套相对立的回应——他一次又一次地重复这样的回应，作为次发的理想化移情的一部分，是整个分析的主要部分。他不是对不可达成的理想感到抑郁与无望，就是感觉理想没有价值，并夸大傲慢地感觉自己比理想更为优越。这些U先生自尊的摆荡，是由于他尚未达成理想化双亲影像的渐进与稳固的内化。孩子不能形成可靠的理想以调节其自尊，会有更进一步的后果：因为提高其自尊的需求，他对母亲—恋物癖的固着会更强化。然而，移情本身，绝不会过长地重演最早对安抚的自体—客体的沉溺；而源自母亲这边的剥夺所造成的自体结构缺陷，其修通因此也无法被达成。虽然如此，病人有了令人满意的复原：他对恋物癖丧失了兴趣，而且在他对理想化父亲给予回应；有关的失望被修通后的数年，他能够高度地（而且比过去更成功地）献身于他的专业活动，而这些活动如今提供给他可靠的组织化架构，让他可以体验自体—表现的欢乐。依我之见，U先生对恋物癖的兴趣不是因为领悟而消除，而是因为恋物癖变得较不重要。这种转变的发生，不只是因为他比较有能力从神入的女人获得回应来提升自尊；也原发地因为他内化的理想被加强，使他能够透过专业工作中创造性的自体—表现来获得更大的欢乐。

以行为的术语来说，U先生的恋物癖沉溺在结案之时，撤回到扮演其生命中远为不重要的角色——如同病人所表达的，恋物癖丧失了它的魔力——但它并未完全消失。当然，我不能证明，但我可以臆测说，假如当我开始治疗他时，他的年龄不是五十岁了，这个分析的成果将会更大。[13]

第二个临床例证，说明代偿结构的复健在治疗过程中的重要性。这位被分析者是V小姐，四十二岁的单身女性，一个有天分但没生产力的艺术家。她寻求分析是因为相当严重但非精神病的空虚抑郁症（empty depression）的反复发作。V小姐的治疗结束于十年以前，当时我才刚开始认知自恋型人格障碍的病人，认为他们可以发展出数种独特的的移情，且是可分析的个案。近年来，我在这个领域已经收集到数量可观的临床经验，也分析了其他两个同类型病人，而她们也受苦于非精神病的空虚抑郁症的反复发作——在这种抑郁发作中，罪恶感与/或自我—控诉扮演的角色不重要——而且这两位受苦的女人的人格组成与V小姐并无不同。她们的障碍的起源，也看起来或多或少类似。然而，我无法绝对肯定地论说其有关的起源因子，因为治疗并未穿透到足够的深度，以容许我对相关的儿童期集合体做可靠的重建。

V小姐人格结构的原发缺陷——动力上关联于其自体的持续脆弱

---

[13] 附注：当我正在准备这本书的定稿之时，我偶然地收到一些间接信息而令我相信——虽然我不能确定——有关我对U先生分析的结果的审慎乐观的感觉，可能还是太过乐观。

化的时期，当时她是嗜睡的、无生产力的，且确实感到了无生趣——在起源上关系到与其儿童期母亲的互动。她的母亲就像病人一样，受制于周期性的抑郁，且在情绪上表浅而不可预测。她所罹患的周期性的情感性疾患，在她一生之中逐渐加重；除此之外，类精神分裂的（schizoid）特征在被分析者的童年就已经显现，这种特征也是很清楚的。对她身边的人来说，她措辞不当的倾向有时显得滑稽，有时也惹人厌；这些无疑都是轻微的"意识清楚下的思考与感觉疾患"的展现（Bleuler, 1911）。当V小姐进行分析时，她的母亲仍然活着；且在两个人之间有很多互动（见本书5~6页），我们也可以借由对母亲的人格评估，而做出边缘型精神分裂症（borderline schizophrenia）的诊断。⑭

无论病人母亲的障碍究竟是哪一种诊断类别，很清楚的是，当病人还是小孩子的时候，她就已经暴露于来自母亲的创伤失望。她母亲

---

⑭ 要认知双亲严重的（但潜伏的与否认的）精神病理，需要分析师对细微线索的注意。例如，另外一个病人的心理组成与V小姐类似，而其母存在具有关键性的严重障碍；这个障碍的确定，是因为分析师注意到其母亲行为的看似不重要的特征。这是一种特别的亲吻形式，而病人只是顺便提到。然而，病人对这种吻的反应——她把它叫作"蠕动的吻"——是她（否认地）觉察到其母亲广泛的情绪表浅的第一个指标。这些吻是母亲伪情感（pseudoemotionality）的展现；以结构的术语来说，亦即它们不是深度情绪的表现，而是由精神表层所启动，与活跃的核心自体没有接触［参考弗洛伊德（1915）有关精神分裂症的新语症的理论］。对不适当行为的审视，特别像是V小姐母亲的措辞不当，对于看起来心理健康、实际上有严重障碍的病人双亲来说，有时可提供给我们最初的线索。例如，在D先生的案例中（见Kohut, 1971, p. 149, p. 257），其母亲严重的人格障碍的最初线索，出现于病人对母亲所关心的项目的两段回忆的检视，而这起先看起来相当无害。他谈到母亲很爱打桥牌，而且常因她说的话而引起哄堂大笑。对她打桥牌的深入探究，让我们认知到母亲与其家庭在情绪上完全隔绝，包括对病人。桥牌确实是座墙，让她可以撤回到墙后。而对她所谓的"俏皮话"的研究，让我们认知到其母亲必定有思考上的疾患。D先生有一天似乎顺便提到，在一场他也参加的高中比赛中，他的母亲对于球队的每个成员刚好都穿着一样的"巧合"，表达她愉快的惊讶之情。正是透过追寻这段往事的含义——超越了D先生的强烈阻抗——母亲存在着严重而慢性的人格障碍，才首次在分析中被怀疑。

的镜像回应不仅很多时候是缺乏的（不是全然欠缺，就是平淡），还是常常有缺陷的（怪异且善变的）；因为这些回应的引发，不是靠母亲对孩子的需求的错误感知，就是靠母亲自己的需要，而这对孩子来说是不可理解的（unintelligible）。

　　事实上，"不可理解的"这个词，只部分解释了母亲要求的致病影响。当V小姐抑郁之时，虽然具有特定的且可语言化的内容的罪恶感没有把她压制；但移情中所引发的抑郁，让我们得以重建：当她还是小孩子时，一旦她提出自己无法达成的要求时，她必定曾体验她全部的世界。要是我现在再综合论述我对她的诠释，我会说只有当她能够先减轻其母亲的抑郁，来自环境的正向镜像回应才会出现。她的抑郁因而部分是她面对抑郁母亲的这种要求，而产生的深度挫败感的再演出（re-enactment）。或是从稍微不同的观点来看，她深信母性的自体—客体不会提供给她自尊提升的接纳与赞同，除非她这个小孩能够先达成母亲类似的需求。

　　因此，V小姐的自体具有周期性的脆弱化倾向，这在她童年的早期，在她与镜像的母亲的致病的关系基质中被奠定。然而，V小姐是有活力且天赋良好的孩子，从未放弃其情绪存活的奋斗。她尝试要从与她母亲的致病关系中解救自己，于是她强烈地依恋于她的父亲。她父亲是一位成功的工厂主，具有受挫的艺术天分与企图心；而他大致上有回应女儿的需求。她与父亲的关系，因而变成她发展这些兴趣与天分的基质（以临床理论来说：这些代偿结构）最终导向她的职业生涯。而且也从这里发展出理想化目标，而刺激其自体的创造潜能。换句话说，与她理想化父亲的关系，提供给她一种内化的结构（父性的理想）的纲要，而这是支撑其自体的潜在源头。在艺术作品的创造中，她不像我最初所想的，是要尝试活出俄狄浦斯的幻想（为她的父亲生孩子）。而她生产力缺乏的原因，也不是如我早先所假设的罪恶感（有关乱伦的渴望）。她的艺术活动，是要活出完美的父性理想的尝试；而她分析前在这项努力上的失败，不是因为任何麻痹的结构冲突，而是因为她的理想尚未被充分地内化与巩固。因此，移情所再活化的，不是俄狄浦斯的精神病理，而是一种自体的障碍。还有，在分析的最重要阶段，修通的焦点不像一般所预期的，是针对自体的原发结构缺陷（这部分的精神病理，关联于母亲对孩子的有缺陷的回应）；而是在次发的理想化移情中，针对未充分建立的代偿结构（这个部分的精神病理关联于父亲的失败）。而分析的部分成功——她抑郁的反应并未全然消失，而是变得较不严重，持续时间也大为缩短——不是因为自体的原发缺陷的治疗，而是如我现在回顾所理解的，因为代偿结构的复健。特定地说，决定性的移情的再活化牵涉的童年事件是：当父亲自己因为妻子令人受挫的情绪表浅与神入缺乏而显得如此强烈失望时，他也似乎变得暂时地抑郁且情绪上与他的女儿远离。我并不确定，她的父亲在她童年中是否偶尔抑郁；然而，从病人的移情反应来看，我们可以重建：当女儿最需要他的时候，他主要借由远离家庭来撤退（逃避他太太而持续于工作之中，或和他的朋友打高尔夫球）；而女儿最需要他的时候就是当她母亲抑郁的时候——她期望其理想化且被崇拜的父亲可以是座堡垒，来对抗从她母亲散发出来，并威胁要吞没孩子人格的昏睡状态的拉力。

第二章　精神分析需要自体心理学吗?

论科学的客观性

在前一章我提出临床资料用来支持这样的命题：当分析在代偿结构的领域得到成功并建立了有功能的自体——在这个心理部分中，野心、技能与理想共同形成牢不可破的连续体，并拥有愉悦的创造活动——我们就认为分析可以结案。现在，我们必须在传统精神分析师所接受的精神分析的定义下，对前面的论述所意指的精神分析治愈（cure）的定义，进行更进一步的评估。

在进入详细的讨论前，让我强调此处我所注意的原则：我并非关心诸如分析的智慧、合理的权宜这类术语所引发的问题，虽然我深知它们在临床上的相关性；而且假如我专注于此，我或许可以避免一些困难。因为没有分析师会不合实际地宣称，他曾经完全分析了一个人所有的人格部分，或他应该尝试这样的完全分析。在此，我关心的是分析的有效结案所引发的问题——以结构来说，不是要已经处理了被分析者全部的基本病理层面；以认知来说，不是要已经抵消了所有的婴儿化失忆（infantile amnesias），并扩展了所有童年相关事件的知识，而这些知识与个案所困扰的精神病理有起源上与动力上的相关。

当然，弗洛伊德确信以下的事实：精神分析对被分析者具有有益的（wholesome）效应；分析所构成的过程的动量应该被维持；而且分析的进行应该尽可能地深入。然而，虽然他提供给我们这个过程的原则大纲，而其简洁的定义就是，以认知而言，要让潜意识的成为意识的；或以结构而言，要扩展自我的领域。但他从未以主张的形式来详细阐明——至少不是以科学的严谨，也就是以理论的术语——他对分析的有益效应的确信；而这个主张就是精神分析可以治愈心理疾病、可以奠定心理健康。弗洛伊德主要重视的价值并非健康。他相信尽可能求知的本身就有价值：在那个时代的主流世界观与他个人的偏好（毋庸置疑地被早年的生活体验所决定）下，二者的汇集与相互增强，把科学的世界观转化成他个人的无上律令、他个人的宗教——他绝不妥协地投身于真理的求知任务中，面对真理，更清楚地理解现实。

关于弗洛伊德的生活的感人故事中，有一则与他人格中这个深植的面向相关联。当他获悉对于是否应该被告知得癌症的事其他人有一些怀疑时，他的反应是极度的生气。"任何人有什么权力不让我知道？"他问道。对于他是否应该被告知这个噩耗的事实，完全不顾及他人短暂的怀疑背后可能有的善意与关心，而非家长式的傲慢（参考Jones, 1957, p. 93）。

弗洛伊德的文集提供了很丰富的证据（1927b；1933，Chapter 25），可以说明他的最高价值是勇敢的现实主义以及勇敢地面对真理。对于一件重要真理人们甚至曾经考虑不让他知道——我们当然可以用很多的方式来诠释弗洛伊德对此事实的生气。我相信，很多具有分析师训练背景的观察者会倾向于怀疑弗洛伊德所表达的生气是一种替代；他真正生气的是对于他罹患癌症、面对死亡的事实——他如今能表达这样的生气，是因为他把生气的反应合理化为真理可能被隐瞒的可能性。我强烈地倾向不同的解释。我相信弗洛伊德的自体核心，比较关联于感知、思考与求知的功能，而非关联于身体的存活；他核心自体的威胁主要来自知识被隔绝的危险，而非身体破坏的危险。

弗洛伊德对真理的献身令人敬佩，而且单独来看，也毋庸置疑。此外，借着我们对他的认同，真理已经成为分析师的领导价值。然而，知识—扩展价值的首要性，对精神分析的理论与治疗观点所产生的影响，也使我们不得不再检视和质疑它在我们思考中的不可动摇的权威地位，尽管我们不想如此。因为当我们想要掌握古典的观点所无法涵盖的精神病理与治愈模式时，这样的价值已经成为一种限制。

虽然这个任务可能很吸引人——而且如果处理得当可能很有价值——但我在此先不研究其个人的因素；尤其像是研究任何的起源学资料，以解释为何弗洛伊德面对不打折的真理的高度投入，无论它可能多痛苦；而这种对真理的献身已经变成他人格中强而有力的特征。取而代之的，我会专注于检视弗洛伊德作为19世纪科学代表的位置——尤其是关于他的"科学的世界观"（1933）对其理论的形式、内容，与角度的影响。

路德维希·宾斯万格（Ludwig Binswanger）通过对弗洛伊德的观察，描述他的人格特征为朝向权力的巨大意志；而弗洛伊德对此的重要回应是："关于朝向权力的意志，我不信任我自己对你的反驳——但我没有觉察到它。我长久以来的推测是，不只精神中被压抑的内容，而且我们的自我的最深核心也是潜意识的，虽然并非不可能意识到。我进行这样的推论，是因为意识毕竟只是感觉的器官，对准外在世界，所以它总是依附于一部分的自我（现代的术语称为自体），而自我本身是不可被感知的。"（Binswanger，1957，p. 44）

我认为上面的陈述，是那个时代的科学家基本态度的完美表达。做出这种论述的一个人，已经探索了他自己的内在生活，比有史以来的任何人所做的尝试更广泛而深入；其中包括这位心理观察者自身的反移情对自身的见解所可能产生的模糊与扭曲。做出这种论述的人，属于文艺复兴时代、属于启蒙时代，也属于19世纪的科学。做出这种论述的人，已经成为所有远见与"远见—解释"（vision-explaining）的思想。作这种论述的人是眼光敏锐的实证观察者，他的心智过程完全投入地为其骄傲的现实主义服务。这样的陈述与下列的事实完全一致：古典的19世纪科学家，其基本立足点的一个面向是，在观察者与被观察者之间有清楚的分野。或更简洁地说，这是科学的客观性理想以理论的术语做表达。

从这样的观点评估，弗洛伊德采取的最终步骤，仍可能被"客观的"科学所采取：他探讨人的内在生活，包括且尤其是他自己的内在生活。但这里有个关键问题，他以一个外在观察者的客观性来注视人的内在生活。这也就是他那个时代的科学家对人的外在环境能有所成就的观点，如生物学，尤其是物理学。

采取这样的基本立足点，深深影响了精神分析的理论架构的形成。就像那个时代的伟大物理学家与生物学家，对其各自的领域进行观察，并把他们的观察加以抽象化与一般化，而且以机械力与化学力的交互作用来综合论述他们的资料的关键点。弗洛伊德也是如此。借着发明被驱力（drive）——也就是挣扎着要表现的力量。它被反作用力抵消，且与之相互冲突——推动的心理装置的概念架构，他创造了精神分析后设心理学（metapsychology）的灿烂而庞大的解释架构。这个解释架构过去是，现在也是容许扩张与改变的（从地志学理论到结构理论；从力比多理论到自我心理学）。而且这个架构特别适合于解释上个世纪之交的观察者常见的若干现象：结构官能症——尤其是歇斯底里。

尽管弗洛伊德的理论概念持续适用于结构官能症及其他构造相似的心理现象；但本书将尝试证明其理论概念对于自体疾患与其他自体心理学范围内的心理现象，无法充分适用。这些心理现象的观察与解释，需要比19世纪的科学具有更宽广基础的科学客观性（scientific objectivity）。这种客观性包括"内省—神入"（introspectiveempathic）的观察，以及参与自体（participating self）的理论概念化。

虽然我被现代物理学所迷惑——它已经把对世界的观察，从大质量及其交互作用转向粒子；从把观察者与被观察者截然二分，转而把观察者与被观察者视为一个单元，且在原则上、若干面向上是不可分的（参考本书第一章注⑦）。由于我对现代物理学所知不多，以致不能从这样的类比中得到太多支持。但我相信，我可以在心理领域内提出足够的证据——我的任务将以转向驱力概念与驱力理论的再评估作为开始——来确立自体心理学的适切性。

驱力理论与自体心理学

我将借着比较弗朗兹·亚历山大（Franz Alexander）与我的观点作为开始。他可能比其他近代的分析师更清楚而不犹疑地服膺古典的驱力理论。他把人的心智看作一种场域（field），其中大规模的力量在不同的特定方向上挣扎〔例如，参考他的向量理论（1935）〕；而他对精神病理的解释，是驱力间的冲突以及驱力与驱力需求间冲突的结果。在这些脉络架构里，亚历山大对于口腔驱力的变迁特别有兴趣（参考他1956年的论文），并强调两人的前俄狄浦斯的移情态度，尤其是被分析者对分析师的口腔依赖，在很多例子中是故意的退化逃避，来避免面对俄狄浦斯的核心移情的情绪上的痛苦与焦虑。作为理论的提议，亚历山大的断言的正向面向是无懈可击的——他论述的主张是关于退化的口腔欲（orality）意义，就像古典的论述（参考Freud, 1909, p. 155; 1913a, p. 317; 1917b, pp. 343~344; 1926, pp. 113~116）说明强迫官能症的退化肛门欲（anality）的意义。然而，亚历山大的临床重点是错误的，因为他对很多要尝试解释的现象的理解，属于驱力心理学的概念架构与心智的结构模式，而这样的理解是不足的。大部分口腔—依赖行为的例子被亚历山大批评为个体前意识地，或意识地采取婴儿化的态度，用来逃避面对俄狄浦斯的对手与对其报复的恐惧。事实上，这些例子不能在心智结构模式的概念架构与驱力心理学的术语下适当地描述。在大部分的例子里——当然是我所说的自恋型人格障碍的例子——这样的行为不是假装的婴儿化态度的展现，而是古老状态的需求的表现。这样的行为在自体心理学的概念架构下，就变得可以理解；它是古老自恋的展现——尤其，是自恋的移情需求的表现。即使亚历山大让步说，患者对分析师的强烈依恋可能不是原发的防御，他还是将之解释为对口腔目标的驱力固着与自我发展的中止；但这样的看法对患者有隐含的与明显的要求，就是这些驱力目标要被尽快与尽量完全地压抑与放弃，并劝告病人要长大。

尝试借助于驱力心理学与心智的结构模式的概念架构来解释自恋型人格障碍的分析所活化的移情展现，即防御相对于驱力、自我相对于原我、驱力成熟化相对于驱力退化（或驱力固着）、自我发展相对于自我退化（或发展中止）——可被比作在美学的架构下尝试解释一幅画的美或丑而借助于检视画者所用颜料的种类与分布，或者在文学评论的架构下尝试解释一本小说的成或败而借着作者所运用的字汇或词句结构。确实，在有些情况中这样的检视将会引导出重要的发现；但复杂的艺术批评的焦点，通常会朝向艺术作品更复杂的面向，而非我所提到的简单单位。对于有医学训练背景的读者，想要透过古典的后设心理学来研究自体疾患，最有力的比喻就是尝试在无机化学的架构下，解释健康与疾病的人类生理学的复杂性。的确在有些罕见的情形中（例如，因为缺乏碘而引起的甲状腺功能低下），其病因与治疗可以用无机化学加以论述——但即使在这样的情况下，如此的取向不能合理地处理其生化障碍的复杂性。而相同的考虑也可运用于自体障碍的例外情形。虽然我相信广泛障碍的"口腔—依赖"人格，在大多数的案例中，其精神病理不能包含在亚历山大的论述中，而被认为是一连串的俄狄浦斯恐惧与防御的口腔欲——甚至以更先进的现代自我心理学的概念洞见来改善我们的论述，也不能包含它。只有自体心理学的应用能给我们满意的概念架构。而这个类型的例外案例也可以用古典的术语适当地概念化。换句话说，有些案例中的治疗杠杆，确实是在于俄狄浦斯情结能否被适当与成功地处理；而其精神病理的其余部分无论如何广泛，将会在中心位置的核心冲突被解决后消失。此外，还有其他原发的自体疾患的案例，可以在分析的过程中得到减轻，虽然分析师的概念架构不适当——换句话说，即使自体及其病理被忽略，以及未理解地进入相关的"结构—建立"修通过程。这些例子中病人障碍的改善，我相信是来自分析师的回应所促成的。而分析师认为这些回应是枝节的，可能只是技巧上重要而非理论上要紧的；他认为成功的治疗系于基本的诠释活动。换句话说，我相信对于原发的自体病理的适当回应，在过去已经被给予，借由一些直觉的分析师，有时是不情愿地甚至有罪恶感地——而且有好的结果。然而，分析师把这些分析活动看作分析"技巧"的表现，或合理化为维持治疗联盟的手段——并且，自体的重建的发生被解释为诠释的结果，而诠释处理的是被分析者的结构冲突。

回到亚历山大对口腔—依赖人格的诠释，这诠释是依据弗洛伊德关于退化与驱力固着之间的互补关系的理论（1917, pp. 340~341）。我们现在必须考虑，那些案例依照亚历山大的观点，其严重障碍的适当解释被认为属于驱力固着，而非原发地从俄狄浦斯情结的焦虑撤退。纯粹就理论来说，实际上存在着这种案例的可能性不能被忽略——换句话说，存在着例外的案例，其自体的疾患可能屈服于一种分析取向，这种取向假设精神病理是下列的表现：（1）驱力固着于口腔固着点（oral fixation points）；（2）相对应的自我发展中止，是被分析者的享乐—导向的、不成熟的自我对婴儿化满足上瘾的结果。虽然我相信有罕见的例子，其原发的自体病理的治愈可能借由神入的分析师在分析的过程中达成，而分析处理的是因阉割焦虑启动的撤退所产生的自我婴儿化。我不能想象的是，原发的自体障碍的分析上有效的治愈可以被下列的分析师达成，即使是偶然地：这种分析师对病人的处理是基于他确信病人维持固着于口腔驱力。我相信这类案例不会出现在我们的治疗室[①]，而分析师对于病人的自体病理如果以这样的术语综合论述，将会被病人体验为大体上不能神入；分析师最多达成的是教育的结果，也就是在病人对治疗者大略认同的基础上，形成成

---

① 慢性成瘾的严重阶段，可能给人的印象是纯粹的驱力固着与自我完全的婴儿化；但其人格的解组与已发生的器质性变化，尤其是病人起初尝试要满足的心理需求的本质，让疾病的起源的可靠评估变成不可能。

熟的心理层（防御结构）。这样的病人的病因将必须在其双亲的态度中找寻。他们的态度一方面纵容了孩子的前生殖器期（pregenital）驱力；另一方面又阻碍了孩子的"阳具—生殖器期"（phallic-genital）所产生的需求。我不相信孩子成熟中的驱力—装置的决定性阻断会被这样的双亲造成：他们至少略微神入孩子的成熟渴望。我以前把人格严重扭曲的病人当作驱力组织的固着于发展的早期（口腔欲），以及伴随着自我的慢性婴儿化。我的临床经验逐渐教导我，这些驱力固着与广泛的自我缺陷，既非起源上原发的，也不是动力—结构上最中心位置的精神病理焦点。而正是孩子的自体，因为双亲严重干扰的神入回应，不能安稳地建立；脆弱而倾向碎裂的自体（尝试安抚自己还活着，甚至是还存在）防御地透过性欲区（erogenic zones）的刺激来转向享乐目标，并次发地造成口腔的（肛门的）驱力导向，以及自我被相关的身体刺激区域的驱力目标所奴役。

不容易描述的是，抑郁的小孩尝试要反制自体碎裂或脆弱的体验，是借着类成瘾地（quasi-addictive）使用他身体的性欲区——或有的借助于伴随的幻想，而这样的幻想成为以后精神病理的结晶点（crystallization points），例如成人的性变态。驱力心理学、心智的结构模式与自我心理学所提出的解释，只能充分地说明有关冲突的心理学（尤其是精神病理学）此一局限的领域。它们处理的概念单位太过基本，以致无法涵盖健康与疾病中，我们所认知的复杂精神构造（psychic configurations）；但只要我们的焦点开始涵盖参与的自体，尤其当自体及相关的疾患成为我们注意的中心，我们就可以认知。例如，弗洛伊德（1908）与亚伯拉罕（Abraham, 1921）在联结若干性格特征与前生殖器期驱力的持续固着方面，得到很大的突破——例如"肛门期"吝啬的概念化——给了我们对于一系列复杂的心理现象的漂亮解释。然而，正是这种知识上的杰出成就，阻碍了我们去认知这种领悟的局限性，甚至也扭曲了我们对一些心理状态的态度。

对于母亲与小孩的互动，传统所强调的"驱力—心理"元素（drive-psychological elements）不能给我们满意的解释。例如，在肛门期中，对于小孩变为肛门期固着的事实，以及后续防御的建立以避免不伪装的肛门欲（anality）表现——而这些就是表现为吝啬的性格态度的心理结构的发展起点。我相信，假如除了驱力之外，我们也考虑肛门期的自体，在自体巩固的早期，我们确实可以得到一种更满意的解释。假如一个母亲骄傲地接受粪便礼物——或是假如她拒绝或不感兴趣——她不是只对驱力做回应，也是对小孩形成中的自体做回应。换句话说，她的态度影响一整组的内在体验，而这些体验在一个小孩进一步的发展上扮演着关键的角色。她以接纳、拒绝、忽视来回应小孩的自体；而小孩的自体在给予及提供之中，寻求着来自镜像的自体—客体的肯定。小孩因而体验到双亲欢乐的、骄傲的态度或是双亲的兴趣缺乏，这不仅是对驱力的接纳或拒绝，也是——双亲与小孩在这个面向上的互动，经常具有决定性——对于小孩暂时建立的、仍然脆弱的、创造—生产—主动的自体的接纳或拒绝。假如这个自体刚开始要肯定自己作为创造—生产的中心，就被母亲拒绝（尤其是，如果她的拒绝或缺乏兴趣是一连串挫折与失望的一小部分，而这些都根源于她病理上不具有神入能力的人格），或是她没有能力回应小孩的全部自体（total self），造成她对孩子的粪便有碎裂—促成（fragmentation-producing）的专注——对于她制造粪便的、学习的、控制的、成熟中的小孩的"统整—建立"的（cohesion-establishing）卷入造成伤害——那么小孩的自体就会匮乏，并会放弃获得自体肯定的快乐尝试；而且为了安抚自己，他会转向从他身体—自体的碎片（fragments）可以得到的愉悦。因此，成人的"肛门期性格"（anal character）——例如吝啬——不能适切地用肛门期固着或肛门期保留的倾向来解释。当然，肛门期固着是存在的，但其意义的充分显现只有基于起源学的重建：作为小孩，感到他的自体是崩溃或空虚的，他想要从他身体—自体碎片的刺激中得到安抚的愉悦。

我们现在可以说，对前面的例子应用自体心理学的理论架构是必需的——如果在我们的描述与解释中，想要理解孩子在发展的"肛门期"的体验内容，我们要对孩子这个阶段的心理发展意义给予足够的重视。然而，假如更广阔的体验构造被打破，也就是孩子的自体因为缺乏自体—客体的神入回应而严重碎裂或衰弱，那么驱力心理学的综合论述，虽然不太适合包括关键的统整与碎裂的自体之间的心理震荡，却适合以"体验—远离"（experience-distant）的术语②来解释新的状态。

在这样的情境脉络下，对属于自体心理学的解释架构下的现象，我们就能使驱力心理学的综合论述合理化。例如，我用古典后设心理学的术语来解释描述羞耻感及自恋暴怒（narcissistic rage）（1972, pp. 394~396）。附带一提，健康的骄傲与健康的肯定，就不容易用驱力心理学的术语来综合论述；而这样理解就比较清楚：原发的心理集合体（primary psychological constellation）破坏后所出现的——羞耻感与暴怒——是健全的基本体验崩溃的产物。我现在建议的，可以在此处或其他地方应用的，是两种不同的理论架构——类比于现代物理学的互补原则（principle of complementarity），我们的确也可以提出心理学的互补原则，以及对于健康与疾病的心理现象，深度心理学需要两种互补的取向：冲突心理学的取向与自体心理学的取向。

经过上述讨论的阐明之后，我们可以问自己一个深具意义的问题，而这问题也可能被那些怀疑精神分析所提出的精神病理的起源学解释的有效性的人提出。这个问题就是，一些具有严重的成人精神病理形式的人，似乎在其早年的生命有过极度投入的母亲；而且其母亲

---

② 一些关于理论的一般评论——尤其关于所有理论陈述的相对性，及承认取向间的互补的认知——见本书144~145页。

似乎对孩子的欲望能同调地神入，并回应以充满爱意的提供来满足他们的欲望。根据我们重要的后设心理学的"恰到好处的挫折（optimal frustration）原则"，当然我们会立即倾向于主张，以本能理论的术语来说，完全的满足——"溺爱"，剥夺了孩子建立精神结构的机会。也就是，驱力未受挫折而造成自我的持续不成熟（不能充分地发展它驱力控制、驱力调节及驱力升华的功能），而且母性的神入可能过度，假如母亲的照顾不会伤害小孩，就必须有限制。虽然我相信恰到好处的挫折原则非常有价值，但我不相信在许多案例中，过度神入所造成的伤害性母性溺爱与过度的母亲照顾真的存在。我的回溯研究的案例分析显示，有障碍的成人是以更复杂的方式来被决定的。对于过度的母亲照顾或溺爱所产生的伤害性的问题，我相信更清楚的了解不仅要透过驱力心理学的背景，而更主要的是透过自体心理学的背景。例如，U先生若干严重的精神病理面向（见本书38~40页），尤其是他对恋物癖的固着，开始似乎是因为当他还是孩子时，被溺爱他的母亲与祖母过度满足；他们满足他每个欲望，溺爱他，造成他后来不愿对现实妥协。起先我们认为是对完美母亲照顾的坚持，形成心理上的独特范围——恋物癖——其中完美的母性功能持续进行控制，损害了以较现实与成熟的模式来获得愉悦。然而，随着分析的进行，个案在移情中活化的需求与欲望被有系统地修通，早年生活的母性满足有了清楚而不同的面向。U先生的母亲与祖母形成一个团队，她们对待男孩有共同的态度；而且她们明显地把自己的潜意识幻想见诸行动，为了自己的目的而满足孩子的驱力—欲望。她们与他每个驱力要求完全同调，而同时忽略了男孩成熟中、改变中的自体——而它哭诉着要求母性的（及后来父性的）肯定—赞美的回应与支持。因此，恋物癖的固着基本上不是过度满足的结果，而是形成中的独立自体的健康的夸大表现癖，创伤地缺乏母性神入的特定表现。简言之，最后在他的自体形成一个匮乏、抑郁的部分，以及一种回归驱力满足的抑郁行动，也就是使用古老的愉悦—获得（驱力—满足的母亲，亦即恋物癖）；因为有才能的小孩的扩展表现——他的自体作为独立的启动中心——持续没有来自母亲的回应，也没有被父亲充分地回应。

就心理上来说，从一开始，孩子的动量（momentum）就不是来自力比多驱力，而是驱力体验臣属于孩子自体与自体—客体间关系的体验；基于两个原因，此一原则的应用具有决定性的重要性。它改变了我们对儿童期所有层次的心理发展中有关力比多理论的意义的评估；接着它改变了我们对一些精神病理形式的评估，而古典理论可能视之为起因于人格的固着，或退化到本能发展的早期阶段。

这里我要对之前所述的，由口腔期固着、病态性暴食与肥胖所组成的三部曲（triad）再做一个说明。这个症候群可以在下列假设的背景下思考：我们处理的是退化的且／或原发的驱力固着于口腔期阶段（逃避阉割恐惧且／或口腔沉溺），而这种观点下的分析治疗的目标，在于最终——除了理论上可想象，但实际很罕见的纯粹退化个案以外——要包括达到更深入的驱力—觉察，以及伴随着达成驱力控制的能力增加（透过驱力的压抑、升华、目标抑制、置换，或中和化）。然而，我再次声明，这样的理论角度无法令人满意。相反的，我主张如果采用下列的综合论述，我们可以更接近真理，更能对大多数案例中成功揭露的精神分析过程提供更正确合理的解释：我们可以说，孩子对食物的欲望，不是原发的心理构造。从自体心理学的角度来看，从一开始，孩子主张的需求是食物—给予的自体—客体——无论自体—客体是多么隐微而难以认知（用较行为学派的术语，我们可以说孩子需求的是神入地调节的食物给予，而非食物）。如果这个需求持续未被满足（达到创伤的程度），那么更广阔的心理构造——作为一个整体的、被适当回应的自体所拥有的喜悦体验——就会崩溃，而孩子就会退缩到较大单位的体验碎片，也就是寻求享乐的口腔刺激（转到性欲区），或是临床上表现为抑郁性进食。这个心理体验的碎片，变成后来对食物上瘾的结晶点。对非神入的自体—客体环境导致抑郁—崩溃的反应逐渐增加觉察——而非对驱力逐渐增加觉察（以及本质上为教育的强调对驱力的掌控）——变成能够重新迈向心理健康的基础。

用较概括的话来总结：驱力固着与伴随的自我活动的建立，是自体脆弱的结果。未被回应的自体不能将其古老的夸大欲及想要与万能的自体—客体融合的古老欲望，转化为可靠的自尊、合乎现实的企图心与可达到的理想。驱力与自我的不正常，正是自体的中心缺陷的症状结果。

类似的思考也可以应用于代偿结构所处的概念架构的一般问题。我们是否应该以自我心理学来思考代偿结构——起初因为驱力的刺激，作为防御而产生，接着脱离驱力而获得"次发的自律"（secondary autonomy）？或者我们应该以自体心理学来看代偿结构——在自体与自体—客体间特定关系的影响下，变成再巩固（reconsolidated）而作为自体的组成？我认为，当我们处理自体的疾患时，在理论的综合论述中延用原发与次发的自律概念是不适当的。这些概念本质上属于结构冲突心理学的架构，也就是说，心理疾病被概念化为相互对立的力量间冲突的结果（驱力与防御）。然而，我认为将次发的自律概念应用于防御结构确实有用，因为它在发展的过程中起初与驱力对立，之后独立于驱力之外而有其功能。虽然事实上代偿结构可以变成自律的——例如，在自恋型人格障碍的分析结果经过复健之后的代偿结构——但自我心理学的原发与次发的自律术语并不适用于代偿结构。确实，为了替代其他受阻的功能（在原发缺陷的区域），选择特定的代偿功能对孩子而言很重要；而其选择也可能部分被内在因素（天分）影响，我们因此可以说这些功能具有"原发的自律"。但孩子对其掌握的若干功能的选择（而且他把这些功能发展成为有效的天分与技能）与他主要追求的方向，最终在精神中永久地奠定而作为他的企图心与理想的内容——也就是，孩子获得代偿结构——最好解释的情境脉络是，孩子已经能够从挫折的自体—客体，转向非挫折的或少挫折的自体—客体。换句话说，关键问题不在于自体表现模式的功能是自律的，而在于自体的一个部分的统整与功能曾经受到威胁，而自体借着转移其心理重力点（point of gravity）到另一部分来谋求存活。

诠释与阻抗

驱力心理学主张，正常发展中的自恋会转化成客体爱，而驱力会逐渐被"驯服"；而自体心理学主张，正常发展中的自体／自体—客体关系是心理结构的前驱物，自体—客体的转变内化作用会逐渐促成自体的逐渐巩固。我们可以借着应用这两个互补观点于分析过程中，比较其中出现的具体心理构造。

例如，让我们把焦点放在哈特曼（1950）认为驱力—驯服是透过反贯注（countercathexes）的细微而复杂的讨论；尤其是他主张说，自我使用中和化的攻击能量来控制驱力。此处附带一提，哈特曼所说的反贯注，可能是心智装置与内在被贯注的双亲客体的早年互动获得的结果。哈特曼认为弗洛伊德（1937）所说的，精神分析情境中"对抗揭露阻抗的阻抗"，是"就后设心理学言……反贯注的再攻击化能量，因为我们对个案阻抗的攻击而被动员"（1950, p. 134）。哈特曼的理论——就像所有的后设心理学，当应用于孩子与其双亲的关系或个案与分析师的关系——在两个本质上不相容的概念架构间转换，亦即心智装置的架构与社会心理学的架构。这是可原谅的，且对于这种无伤大雅的不精确，我已经在其他地方讨论过（1959）而此处不再细究。换句话说，此处我关心的不是理论与概念形成的任何瑕疵，不是要证明哈特曼的理论错误，而是想要说明自体心理学——这种心理学把体验为自体的部分的客体（自体—客体）与体验为独立于自体之外，作为独立的启动中心的客体（真正的客体）区分开来——能够解释我们所审视的现象——对于其阻抗的攻击，被分析者生气地回应——比起哈特曼运用的驱力心理学方法，都更令人信服。

为了创造我探究的基础，首先我要检视一个儿童期情境，它在若干决定性的面向上是分析情境的原型：孩子与神入的、全能的、理想化的自体—客体的融合（见Kohut, 1971, p. 278；参考Freud, 1921,

p. 111~116）。

　　孩子在心理上要能存活，就要出生在神入—回应的（自体—客体的）人类环境；就像他身体上要能存活，出生的大气中就要含有适当量的氧气。而且他初生的自体"期待"——用一个不适当的人格化的（anthropomorphic），但适当的有启发性的术语[③]——神入的环境对于他的心理需求—欲望能够同调，就像新生儿的呼吸装置（可以说是）"期待"周遭的大气包含着氧气——两者有着相同且毫无疑问的确定。在正常的情境下，当孩子的心理平衡被干扰了，孩子的张力被其自体—客体神入地感知并回应。自体—客体装备着成熟的心理组织，能够现实地评估孩子的需求与该采取的行动；它可以把孩子含括入其心理组织，并透过行动来治疗孩子恒定的失衡。必须强调的是，对孩子来说，这两个步骤中的第一个比起第二个具有更大的心理意义，尤其是关于孩子透过转变内化作用来建立心理结构（以巩固他的核心自体）的能力。而"母亲具有驯服孩子的攻击驱力，她借着她的爱来中和它或借着她中和化的攻击（坚定）来反对它"这样的综合论述是基于与物理世界事件的动力学之间吸引人的简单类比。无论如何，这种论述不能适用于心理领域的事件。我相信当我们说孩子的焦虑、他的驱力需求、他的暴怒时（也就是具有毫无疑问的肯定的较广阔且复杂的心理单位，崩溃之后的体验），会导致母性的自体—客体的神入的共鸣，让我们更接近于真实。然后自体—客体展开与孩子之间触觉的且／或声音的接触（母亲把孩子抱起，抱着他走来走去，

[③] 谢弗（Schafer），在现代分析师中，一向对理论的具象化（reification）反对最有力（见他对精神分析的概念形成的讨论，1973b）。他的论证广为接受，且他有价值的贡献是发挥影响力，提醒分析师不要模糊"临床—观察"的事实与理论的抽象之间的区分。无论如何，我主张我们不该因此在沟通中变得苍白无力。使用鲜活的、启发的语言与具体化的（concretizing）（例如，人格化的）思想之间有决定性的不同。我也相信，无论谢弗的思想多么有逻辑，如果要保持精神分析的"群体自体"（group self），他并没有考虑到理论改变是需要渐进（gradualness）的。

并跟他说话）；并创造一种情境，让孩子"阶段—适当"地（phase-appropriately）体验与全能的自体—客体融合为一。孩子的原初精神（rudimentary psyche）参与在自体—客体的高度发展的精神组织之中；孩子体验到自体—客体的感觉状态——这些状态经由触摸与音调以及可能的其他方式，来传递给孩子——好像它们是孩子自己的。相关的感觉状态——不管是孩子自己的，或是他参与其中的自体—客体所有的——它们被自体/自体—客体单位体验的顺序如下：升高的焦虑（自体），接着是被稳定的轻微焦虑，即非恐慌的"讯号"，（自体—客体），接着是平静、没有焦虑（自体—客体）。最后，孩子一开始体验的心理崩溃产物消失（原初的自体再被建立），当母亲（以行为学派与社会心理学来看）准备了食物，改善了温度调节，换了尿布，等等。这一系列的心理事件体验，透过与神入的、全能的自体—客体融合而建立基准线；而自体—客体的恰到好处的（非创伤的、阶段适当的）失败，在正常情境下，透过转变内化作用而导致结构的建立。这些恰到好处的失败，存在于自体—客体的短暂延迟的神入回应；存在于孩子所参与的自体—客体体验，稍微偏离有益的标准；或是存在于下面的体验落差之间：透过与神入的自体—客体融合而提供的体验，及实际需求的满足。我附带提一下，我对儿童期的心理结构形成的印象，刚才提到的例证的重要性，远远不及自体—客体的心理失败的影响。换句话说，我相信自体缺陷的发生，主要是自体—客体这边神入失败的结果——因为自体—客体的自恋性障碍，尤其是因为自体—客体的潜伏精神病。这种情形比一般分析师所知道的更为常见。我还认为，即使是严重的现实剥夺［一般可能归类为"驱力"（或需求）的挫折］，也不会在心理上造成创伤——如果心理环境回应给孩子的是完全范围的、非扭曲的神入回应。人类不是只靠面包生存的。

这两个步骤顺序的重要性一定不会被过分高估：步骤一是神入

地融合于自体—客体的成熟的精神组织，并参与自体—客体对情感信号而非情感扩散的体验；步骤二是借由自体—客体所采取的需求—满足行动。如果这两个步骤在儿童期被恰到好处地体验，它们就是持续一辈子的心理健康的栋梁之一；反过来说，如果儿童期的自体—客体失败了，那么所造成的心理缺陷或扭曲，就会是一生中一直背负的包袱。精神分析是解释它从一开始所理解的心理学；这个事实紧密地关联于这两步骤的原则，而此原则又从一开始界定了人类心理功能。而必须强调的是，同样的原则构成分析师面对其被分析者的基础。换句话说，每一个诠释与每一个重构，由两个阶段组成：第一个阶段是被分析者必须了解到他已经被理解；之后才有第二个阶段——分析师对被分析者说明特定的动力与起源的因子，以解释他一开始所神入地掌握的心理内容。一些分析中所遇到的最持续的阻抗，不是人际间用以对抗一些被压抑的心理意念的被活化的防御，它们将会因为分析师的诠释或重构而被意识到。这些防御被动员以回应的事实是，理解的阶段——分析师与病人之间的神入共鸣或融合的阶段——被省略了。在一些分析中，虽然绝非全部，分析师甚至必须理解，一个儿童期自体—客体在这个领域创伤性失败的病人，将需要长时间的"只要"理解；而之后的第二个阶段——诠释，亦即分析师所给予的动力与起源的解释——才能被有效地且欣然地接受。

还有一点要注意，互补的思考方式可以解释在自体的稳固建立前的心理发展阶段，因为自体与自体—客体的神入融合的障碍而产生的不同精神病理形式。如果自体—客体对孩子的神入共鸣缺乏或严重地钝化，不管是对孩子的广泛体验还是对特定的领域，那么孩子将会被剥夺与全能的自体—客体的融合，也就无法参与前述的体验顺序（扩散的焦虑、焦虑信号、平静），也因而被剥夺能够以同样方式处理其焦虑的心理结构建立的机会。另外一个例子，如果自体—客体疑病地回应孩子的轻微焦虑，那么与自体—客体的融合不会将轻微焦虑变成平静的健康体验；相反地，会将轻微焦虑的有害的体验顺序变成恐慌。在第一种类型的例子中，孩子没有机会建立健康的融合；而在第二种类型的例子中，孩子不是被卷入有害的融合中，就是借着把自己隔绝于自体—客体的有害回应而主动地逃避融合。所有这些例子的最后结果，不是缺乏正常的张力调节结构（驯服情感，即约束焦虑的能力薄弱），就是获得错误的结构（朝向情感的主动强化倾向——恐慌状态的发展）。我相信不仅是焦虑倾向的致病源，还有情感疾患的气质，都必须从初生的自体与自体—客体的抑郁的及/或躁症的回应这二者间融合的观点来探究。换句话说，我相信情感疾患的心理面向，不能以驱力与结构的概括动力学来适当地论述（抑郁是从对客体转向对自体的未中和化的攻击；或是超我对自我的虐待式攻击）；反而对于与全能的自体—客体融合的研究——心理结构的前驱物——将引导我们得到更适切的理解。

但暂且回到哈特曼的假设："对抗阻抗的揭露之阻抗"（resistances against the uncovering of resistances），是"反贯注"（countercathexes）④的再攻击化能量，因为我们对病人阻抗的攻击而被动地展现。基于临床情境中更为仔细的观察，不管是我自己进行的分析，还是我作为督导者或咨询者的分析，我确定这样的论述造成临床事实的错误诠释。哈特曼的论述本质上属于心理功能的驱力—防御模式。虽然它很优美，但无法包括经过审视之后的实证事实。当被分析者因为我们攻击他的阻抗而变得暴怒时；他的暴怒不是因为正确的诠释而松绑了防御，并活化了捆绑在一起的攻击能量；而是因为起源上来自早年生命的一种特定而重要的创伤情境，在分析情境中被重复了：来自自体—客体错误的、非神人的回应的体验。病人的暴怒不是

---

④ 译注：依弗洛伊德的说法，被分析者被压抑的冲动，因为检禁员（censors）的对抗的力量而无法进入意识。这里的检禁员即被称为反贯注。

对抗分析师的向外的攻击展现，好像分析师因为他的正确诠释而位于危险驱力的那边，且必须被防御对抗。病人的暴怒是"自恋暴怒"。而且我相信，在一般的自体后设心理学的概念架构下，尤其是关于自体与自体—客体的关系所综合论述的诠释，比起引用驱力与防御的心理—装置心理学的解释，更能够正确地包括实证事实；即使后者的解释是被温暖和善地给予，且以行为的术语来指导。最接近正确的诠释应该是：孩子刚刚建立的自体（如同分析情境中再活化的自体），依赖自体—客体接近完美的神入回应以维持其统整。与孩子的自体的发展阶段相一致（阶段—适当地），孩子要求对自体—客体的回应有完全的掌握；他要求完美的神入——不管是对于被提供的理解内容，还是对于因为偏离恰到好处而产生的创伤效应——要求完美的同调；而这是早年的自体所期待的标准。具体地说，不管一个病人何时对分析师的诠释反应以暴怒，从分析中被活化的古老自体的观点来说，病人所体验的分析师是一个破坏其自体的完整的非神入的攻击者。分析师并未见证到原发的原始攻击驱力的出现；他所见证的是先前的原发构造的崩溃、原发的自体体验的破裂。而这存在于孩子的感知中，孩子与神入的自体—客体是一体的。

  这里可能需要强调，这些领悟必须不使分析师背负这样的自我要求：他应该能对他的病人执行绝不失败的、完美的、超人的神入技艺。虽然我们的被分析者有权力期待我们有超乎平常的神入回应，而且虽然我相信，分析情境的功能的基础，原则上在于神入的回应，但我们有些不可避免的失败，不应该在我们的心里产生不当的罪恶感。无论如何，我们对病人愤怒的意义的掌握，决定性地影响了我们的诠释方向。当病人在诠释之后暴怒，我们不能再持续聚焦于诠释所提及的潜在精神病理。例如，我们不能再聚焦于之前诠释的目标，不管是被压抑的或防御的结构冲突；而要把我们的注意力转向病人所暴露的自恋的失衡。而且，在困扰于自恋型人格障碍或自恋型行为障碍，而非结构官能症的被分析者中，我们不只要关注自恋失衡的动力，因为当面对的诠释被体验为非神入时，这种失衡可能发生于所有类型的精神病理；我们尤其要更注意的是病人的移情体验的前驱物——在儿童期的自体与自体—客体之间所产生的张力。再重述一次，一种来自分析师这边的特定的且经常碰到的神入失败，无关乎被分析者所要沟通的意念内容；而是因为被分析者有时的持续需求：在他把注意力转移到第二个之前（解释的阶段），想要紧抓两阶段诠释中的第一个（理解的阶段）。确实，大多数的分析师总是以技巧与人性的温暖来回应被分析者面对诠释时的自恋脆弱——就算他们认为哈特曼的理论本质上是正确的，他们并不必然依据他们确信的理论来采取行动；而是当被分析者对诠释的反应是暴怒时，容许他们重获其自恋平衡。无论如何，我相信把前面的理论思考应用于临床情境，将会有很大的帮助。当分析师带着理论基础的确信，回应着现在一项根本任务的挑战时，他先前怀抱着理论基础的疑惧屈服于临床上必要的权宜之计时，其态度即使只要有轻微的转移，将会减轻分析情境中有时的不必要的紧张；而且借着移除人为的干预，他将会更清晰地勾勒出被分析者的内在精神病理。

自体的起源

实证科学的理论，主要是得自所参考的观察资料的一般化与抽象化。在精神分析中，理论是得自借由内省与神入而获得的资料。当我们要着手回答这个问题：是否精神分析在自我心理学、心智的结构模式心理学与驱力心理学之外，还需要自体心理学？对这个问题，我们可以借着添加一个旧有原则（参考A. Freud，1936，第一章）的新面向，来作为肯定回答的第一步。这个旧有原则就是彼此冲突的结构内容将会对我们的内省觉察产生冲击，而彼此和谐的结构内容就不会。如果我们把安娜·弗洛伊德的名言改变一下，就是说一个脆弱的、碎裂的自体将会冲击到我们的觉察，而恰恰好稳固的、安全统整的自体就不会。如此一来，我们可立即再多三个论述：（1）对于自体不存在，或自体只以初始的、残余的形式存在的心理状态（例如，或许是最早的婴儿期，或是若干严重的心理崩溃或退化的状态），自体心理学将是不重要的、不必要的、不相关的，或甚至是不可应用的；（2）当我们处理的心理状态，其中的自体—统整是稳固的且自体—接纳是被恰到好处地建立的（就像在孩子的俄狄浦斯期中，自体已经健康地发展；或在成人生活的相对应心理状态中——古典的结构官能症——自体的统整未受困扰，且自体的接纳与自尊的摆荡在正常范围内），自体心理学就相对地不重要与不需要；（3）每当我们检视困扰的自体的接纳与/或自体的碎裂体验为心理舞台的中心时（尤其像是自恋型人格障碍），自体心理学将会是最重要的且最适切的。

上面三个论述的前两个，我们需要加以引申。

表面上看来似乎很明显的是，自体心理学无法应用于这样的心理状态，其中自体（不管因为它尚未被充分地建立，或是因为它曾被严重地伤害甚至被破坏）不能作为有效而独立的启动中心，或作为感知与体验的焦点——包括升高的或降低的自尊。既然自体没有了，驱力就会占据心理舞台的中心，而我们也可以预期当我们神入地审视年幼婴孩的行为，与严重退化的精神病患的体验世界，驱力心理学的解释将十分适切。无论如何，在这两种状态：自体—客体〔关于婴孩预期的"印象—建立"（anticipatory image-building），必定不可被忽略，如我稍后所讨论的〕之间充满了自体的空间，所以聚焦于驱力与初生的自我的心理学，其适切性并非毫无疑问。虽然在退化的精神病患的案例中，病人的自体碎片的反应方式，可以借助于冲突理论来适切地解释；但我们的注意焦点不应该集中于这些冲突，而应该集中于自体的状态变化——其更多的或更少的碎裂——以及可以解释这些变化的自体与自体—客体间关系的变迁。例如，每当发生真正因果相关的事件——它埋藏在与古老的自体—客体关系的纠结中——也就是说，每当环境被体验为非神入时，有关公开表现的乱伦欲望的粗糙的驱力—防御冲突，就会作为心理崩溃的产物而出现。

　　有关自体被稳固建立的这些心理生活的阶段，不管我们处理的是心理健康或心理障碍的状态（特定地说，就是结构疾患），我们必须详细阐释前面的论述，亦即在此自体心理学大致上可以被摆在一旁。而我们面对问题的最好方式，是借着提出以下的具体疑问：为何事实上直到现在，对精神分析师来说，使用心智的驱力—防御模式而非自体心理学来处理以下的问题是可能的，亦即儿童期后期阶段的心理过程，以及成人精神病理形式中所碰到的类似过程，它们构成了未解决的发展阶段冲突的再活化？是否我们不应该期待这些精神发展的成熟状态的复杂性，特别需要自体心理学的应用，而驱力与防御以及结构模式对这些阶段来说将被证明不适用？（当比较古典精神分析模式与自体心理学时，结构模式可以被看作心智的驱力—防御模式的延伸。）

　　在尝试回答之中，我并非主张自体心理学的应用，无法对健康与疾病中的相关心理过程，丰富我们的理解并增加我们解释的深度。但我的确感觉到心智的驱力与防御及结构模式，提供了一种适切的架构来解释以下过程的概要：有稳固的自体暴露其中的过程，或被稳固的自体所启动的过程，或稳固的自体在过程中是参与者，例如关于成长中的孩子的逐渐教养的过程，包括参与在俄狄浦斯情结⑤的那些——当这些过程原发地发生，以及当它们在成人生活的古典官能症中被再活化。

要清楚地说出为何忽略自体及其变迁的古典解释可以满意地回答上述过程，并不困难。古典的模式是成功的，因为——假如我可以被容许使用一种简单的代数类比——一个未受困扰的自体参与在结构的心理冲突的驱力与防御的两边，由于心理的等式而可以被消掉。当然，如我先前所指出的，当我们研究的是婴儿期早期之后的心理过程，我们绝不会单独地观察驱力与防御。每当我们观察一个人，当他为了享乐而挣扎，或者寻求着报复或破坏的目的（或者他正处于想要或反对这些目标的冲突中），要分辨出自体是可能的；虽然自体在其组织中包括驱力（与／或防御），它已经变成上级的（supraordinated）构造，而其意义超越了其部分的总和。然而，如果自体是健康的、稳固统整的，且有正常的力量，那么它将不会自发地变成我们神入（或内省）注意的焦点。我们的注意力将不会被平衡的、概括的上级构造所吸引，而会被其不平衡的、下级的（subordinated）内容（自恋目标、驱力目标、防御、冲突）所吸引。

只要牵涉的是精神冲突的状态，以心智的驱力防御模式作为诠释的取向，前面有关其相对适切性的论述就是正确的。然而，在很多情况中，即使当自体是完好的，自体状态的次发改变还是会发生——而且这些改变经常会冲击到我们的觉察。例如，本来是力比多的与攻击

---

⑤ 然而，这些思考并不适用于这样的俄狄浦斯情结：它为了对抗原发的自体障碍，而作为防御被活化。（见Kohut, 1972, pp. 369~372。）

的目标的追求，假如强烈地投入其中，可能会导致自尊的改变而引起我们的注意。而力比多与攻击的追求的成功或失败，可能导致自尊的改变，而展现为胜利的得意扬扬（自尊升高）或挫败的沮丧（自尊降低）；而这些可能反过来变成精神舞台之上的重要次发力量。因此，假如精神分析师把注意力的焦点放在自体上，即使当他处理的是健康的自体，他对所探查的状态的理解也将更为丰富。无论如何都没有争议的是，若干根本的动力关系，确实可以不用涉及自体来做综合论述——鉴于古典理论对于结构官能症，以及对成长中的孩子的渐进的教化所包括的广泛面向（像是中和化、升华，以及其他驱力的变迁的概念），所能发挥的解释效力。

既然已经认知到结构模式的解释效力，我也不隐瞒我的信念：自体心理学最后终将被证明不仅是有价值的，且是不可或缺的，即使是关于如今的驱力与防御心理学所适用的领域。换句话说，我毫不怀疑借着自体心理学的帮助——研究自体及其成分、目标，以及障碍的起源与发展——我们将能够认知心理生活的新面向，并穿透更多的心理深度，即使在正常的教化与古典官能症的结构冲突的领域。

如何有可能并非如此？从一开始是复杂组织的、神入回应的人类环境来对孩子反应；而且我们可以发现，当我们以越来越精炼的心理方法来研究婴儿期的早年状态，初生的自体已经存在于很早期的生命中。但我们如何可能确定这样的预期？我们如何可能证实初生的自体在婴儿期存在的假说？对古老的心理状态所进行的心理穿透，尤其是对特定的发展路线的最开端的体验，总是危险的——毫无疑问，我们的重构在此特别暴露于成人形态的（adultomorphic）扭曲的危险中。要不是有一组可以提供给我们意想不到的帮助的情境，这些考虑当然应该足以说服我们，不要着手进行这样的旅程。

我认为，我们对最早的婴儿期的初生的自体的存在问题，要从一个或许令人惊讶的起点来开始检视；也就是通过强调人类环境，即使是对最小的婴孩的反应，也要把它当作好像它已经形成了这样的自体。婴孩与婴孩的自体—客体间的原发的、神入的融合，这一特定面向的肯定应该被视为支持自体在婴儿期存在的假说的证据；而这样的想法乍看之下，可能被当作只是非科学的诡辩。当然，关键的问题牵涉时间点，亦即在婴孩与其自体—客体间的相互神入的基质中，婴孩的内在潜能与自体—客体对他的期待何时得以汇合。我们可不可以把这个时间点当作婴孩的原始的、初生的自体的起始点？

我相信我们不必要立即拒绝这个想法。确实，我们必须假定——基于神经生理学者的研究及我们可以获得的资料——新生的婴孩对自己不能有任何反思的觉察；他不能体验他自己，就算能也很微弱；他作为一个单位，在空间中统整的且时间中持续的，是启动的中心也是印象的接收者。然而从一开始，他与一个环境透过相互的神入而融合，而这个环境的确把他体验为已经具有自体——这个环境不仅期待孩子后来有分开的自体觉察，也已经开始借着期待的形式与内容来把他导引至特定的方向。当母亲第一次看到她的婴孩且接触到他的时刻（当她喂他、抱他、帮他洗澡时，透过触觉、嗅觉与本体觉的通道），奠定一个人的自体的过程有了实质的开端——这个过程在整个儿童期持续着，且有部分存留到生命后期。我认为透过孩子与其自体—客体的特定互动，经过无数次的重复，自体—客体神入地回应孩子的若干潜能（他表现的夸大自体面向、他崇拜的理想化影像面向，以及他运用在企图心与理想之间作为创造的中介的内在天分），而不回应其他潜能。这是孩子的内在潜能被选择性地培养或阻碍的最重要方式。特别是核心自体的形成，不是透过意识的鼓励或称赞，也不是透过意识的阻碍或非难；而是透过自体—客体深度根植的回应性（res-ponsiveness），而此回应性在最后的分析中，是自体—客体本身的核心自体的功能。如果这些概念有效的话，那么我们是否不能谈论初生状态中的自体，即使当婴孩孤立的时候——一种心理的人为操作

（artifact）——可以只被视为生物的单位？换言之，作为一个单位，因为其生物配备的不成熟，预先排除其精神内部过程的存在，而我们就不能借由对他神入的延伸来掌握该过程；因而他的行为必须用生物学研究者的方法来进行研究。

可以补充的是，上述关于自体在生命的开始的概念讨论，并不会被克莱茵的谬论所干扰。这个谬论就是可语言化的特定幻想存在于最早的婴儿期。为了进一步阐明与克莱茵的建构的差异，有人或许会说，新生婴孩的自体（对于其从一开始的存在与否，我很乐意加以思考）是一种虚拟的自体（virtual self），刚好相反地对应于几何上平行的两线相交于无限远的一点。的确，我的看法是，在中枢神经系统充分成熟之前与次发过程尚待建立之前，关于自体的状态必须以张力来描述——张力增加、张力降低——而不是以可语言化的幻想来描述（参考Kohut，1959，pp. 468~469）。

分析师对存在于婴儿期的情形的概念，通常决定性地影响了他对所遇见的成人情形的看法，尤其是在治疗情境中。而且在精神分析历史中，众所皆知的面向是，若干有关婴儿期心智本质的概念改变，会导致治疗取向的决定性影响。在一些案例中，有关早年生活情形的看法的转变，会造成分析师对各种重要人类体验的感知贫乏，并使其注意力的焦点窄化为病人的精神病理所构成的复杂网络的单一线索。关于这样的错误我们可以举一个兰克的例子，他主张的"出生的创伤"（Rank，1929）理论，根据弗洛伊德的说法（1937，pp. 216~217），导致他的治疗单一地专注于分离焦虑的问题。然而，我所提出的观点，并不会窄化我们的神入能力范围，反而是扩展了它。

让我转向分析师对被分析者在临床情境中升起的焦虑的审视来支持我的主张。如果分析师从自体心理学的观点来检视病人的焦虑时，他的知觉将更为丰富，因为他能够觉察到两种基本上不同类型的焦虑体验，而不是只有一种。在第一种焦虑体验里，个人的自体多少还算整合——他们怕的是特定的危险情境（Freud，1926）。这种焦虑体验的重点，本质上是在于特定的危险，而非自体的状态。第二种焦虑体验，即个人开始觉察到其自体正开始崩溃。不论引起或加强自体逐渐溶解的诱发点是什么，这种焦虑体验的重点本质上在于自体的不安定状态，而非可能启动这个崩溃过程的因素。

虽然分析师对这两种类型的焦虑体验的熟悉，是精确评估被分析者的焦虑本质的先决条件；但他也必须熟知的事实是，这两种体验的最初表现可能使他偏离重点。亦即只有对病人的整体心理状态做持续而神入的浸泡，他才能在两种体验之间做出关键而重要的区分。当面对抛弃、否定或身体攻击的威胁的特定恐惧的表达（怕丧失爱的客体、怕丧失爱的客体之爱、阉割恐惧）时，不论是在社会领域的现实恐惧（Realangst）或是被超我赋予的良知恐惧（Gewissensangst），都可能在刚开始时被掩盖。被分析者最初的联想可能指向各种模糊的紧张状态，他只能逐渐地克服阻抗而接近其实际恐惧中心的、可言说的内容。而定义不清但强烈且弥漫的焦虑的表达，伴随着病人对其自体崩溃（严重的碎裂、主动性的丧失、自尊的极度下降、完全无意义的感觉）刚刚开始的觉察，也可能在最初被掩盖；被分析者可能尝试借着特定恐惧的语言化作媒介，来表达对自体状态的可怕改变的觉察——而他的联想只能逐渐地克服阻抗，开始传达其焦虑的中心内容；但事实上，他只能借助类比与隐喻来描述。

第一种焦虑体验的例子——被分析者试图逃避直接面对其特定恐惧——被所有的分析师所熟知，因而在此我将不多谈。我只提以下的例子，就足以说明其防御的运作：通常在移情的情境脉络中，男性病人的俄狄浦斯的敌对幻想是他对父亲形象者的报复恐惧被动员。被分析者可能先谈某些体验到的模糊恐惧，来避免直接面对他的阉割焦虑。稍后他可能说到一些不同的、多少有点特定的恐惧；然而如果分析适当地进行，这些恐惧将逐渐接近其中心的恐惧，也就是阉割焦虑。

在临床情境中所碰到的第二种焦虑体验类型，需要更广泛的阐明，因为它尚未在我们的科学文献中被明确描述。弗洛伊德（1923b，p. 57）曾说到"力比多的危险"被体验为一种"被淹没或消灭"的恐惧；稍后（1926，p. 94）他在关于原始压抑的讨论里提到"最早的焦虑爆发"关系到"量的因素，像是过度的兴奋和抵抗刺激的保护屏障的突破。"安娜·弗洛伊德（1936，pp. 58~59）也提过"对于本能力量的害怕"，如果以量的概念来说，可以被改写为心智装置的不足（insufficiency）。我相信，在此我们试图以古典心智—装置心理学的架构来处理崩溃的焦虑。但我觉得这些焦虑无法用自体心理学以外的架构加以适当地概念化。换句话说，病人焦虑的核心关系到他的自体正处于改变的恶兆的事实——而驱力的强度并非中心病理（自体—统整的岌岌可危）的原因，而是它的结果。崩溃焦虑的核心是对自体崩解的预期，而非对驱力的恐惧。

那么我们是如何认知到崩溃恐惧的浮现？我们如何将它与第一类的特定恐惧做区分，尤其是与阉割焦虑？如果崩溃焦虑发生于可分析的自体疾患的适当分析的过程，则个案联想上的移动——包括依次揭露的相关的梦中意象——经常与第一类焦虑中所描述的顺序方向相反。换言之，个案的联想经常会由特定恐惧的描述，移动到因为自体溶解的危险而认知到弥漫焦虑的存在。

起初，这类被分析者的恐惧常有清楚的疑病与畏惧的特色。以下是我从临床工作中随机选取的一些例子：一个房间里的石膏壁上微不足道的裂缝，可能表示病人的房子存在着严重的结构缺陷；病人或被其体验为他自己的延伸的某人皮肤上的微小感染就成了危险的败血症的前兆；或者，在梦中，住所被遍布的可怕小虫盘踞；或是在游泳池中有如噩兆地发现藻类。很多这类的恐惧可能占据了个案的心智，导致无止境的沉思、担心或恐慌。无论如何，这些恐惧并非构成障碍的核心，而是个案试图以特定的内容表达更深的、无可名状的恐惧所产生的结果。这种无可名状的恐惧是当一个人感觉其自体正严重地衰竭或崩溃时的体验。对于不能用可语言化的意义来描述的精神状态，如果分析师有构想的能力，就会使他在细查被分析者的焦虑时，能考量到可能性光谱中的重要一环：自体失落的恐惧——他在空间中的身体与心智的碎裂与陌生，他在时间上的连续感的断裂。

不可忽略的是，要区分这两类焦虑的问题：一类是预期自体—溶解的难以描述状态的焦虑，一类是那些特定且可言说的恐惧。这些问题因为下列的事实而愈形复杂：错误的诠释在某些情况下，因为强化了防御而有良好的结果（参考Glover, 1931）。错误诠释所产生的吊诡的正向效果——例如，显现为焦虑的降低——在第一类例子里，来自个案无须面对一特定的恐惧（例如，阉割焦虑）——他被肯定以回避的方式强调模糊的紧张焦虑体验。在第二类例子里，错误诠释——分析师的焦点与病人的坚持相一致地集中于可言说的恐惧（例如，阉割焦虑），但这就掩盖了更深的、无可名状的恐惧（自体崩溃的恐惧）——也可能被个案暂时地体验为症状减轻。而在危机的情况中，例如，在自恋型人格障碍的分析过程中，当分析师要处理严重到创伤程度的状态时，他常发现不去反对个案错误的自体诠释是适宜的。然而，在这样的例子里——在相反的例子也一样成立（分析师肯定个案莫名的紧张，其实被分析者的焦虑是因为特定且可言说的恐惧）——其帮助的效果并不持久。只有当诠释能够认知到障碍的真正层面以后，才能达到持久的效果。

然而，当我们在处理前精神病的（prepsychotic）状态时，或处理勉强维持之后精神病的（postpsychotic）平衡时，或其他的边缘型状态时⑥，所提供给个案的诠释焦点在于精神活动的较高层面，而非实

---

⑥ 边缘型个案［潜伏的精神病（latent psychoses）］的诊断分类，鉴别定义请见本书133页。

际上所涉及的层面；这个事实可能真的有重要的治疗效果。借着提供给个案可言说的内容，被理想化的治疗师借助于防御地转移其注意力到可言说的冲突与焦虑——也就是借助于合理化，来支持病人自身阻止崩溃浪潮的努力。以这种方式，自体的崩溃有时可被缓和下来，甚至避免。无须多言的是，提供次发过程给受到崩溃威胁的精神（psyche），其治疗效果必定不能证明这些次发过程的意义内容（诠释中所包含的资讯）已确实正确地指出致病因素。治疗师在此并不借由使潜意识成为意识的（一如结构性疾患的案例），来帮助病人增加对其精神内部过程的掌握；而是试图借由刺激和支持病人的推理功能的"统整—促进"（cohesion-producing）活动，来避免自体的崩溃。

先前的考虑可以解释为何分析师对自恋型人格障碍、边缘型个案及精神病的精神病理所持的意见被心智的结构模型架构与俄狄浦斯情结的体验世界所环绕，以及解释他们与这些观点相一致的诠释有时能够改善这类病人的情况。然而，虽然这些做法可能有所助益；但我的临床经验告诉我说，要支持崩溃中的自体，最好借着解释诱发自体的威胁性溶解的事件，而非借由提供合理化。毫无疑问，在自恋型人格障碍的分析过程里，分析师在处理其创伤状态时，尤其不应主动提供给病人有关其俄狄浦斯精神病理的合理化，反而应该在适当时机聚焦于让被分析者的精神超负荷的诱发事件上——被分析者将很快地知道他接受了有技巧的处理。确实，病人对蓄意提供的错误诠释会有的最坏反应，等同于觉察到分析师在说谎，而最好的反应是来自分析师这边伪善的施恩。我相信当自体突然被精神病的溶解威胁时，上面的论断依然成立。然而，对于已达后精神病（post-psychotic）平衡的病人，或对那些从未有明显的精神病但自体处于长期溶解的危险中而形成了僵化维持的信念和偏见作为保护层，而无法觉察自体的脆弱的病人来说，治疗策略就不是那么清楚。在此，有智慧的做法是不要改变病人的强烈偏见，不要坚持将他的注意力从无止境的冲突与担忧中撤回，因为这些可以保护他避免觉察到潜在崩溃的自体。而且最好也不要改变个案的感知，即认为世界充满了敌人且都是其正义之恨的卑劣对象。虽然这些态度可能对社交有害，但它们保护了病人——借由提供对模糊的和无可名状的古老刺激一定量的控制，借着把这些古老刺激次发地附着在意念的内容上。这些老刺激威胁到病人自体的统整。

如我先前所表示的，类似的考量可以应用到梦与梦的分析中。基本上存在着两种类型的梦：一种表达可语言化的潜伏内容（驱力欲望、冲突，以及尝试的冲突解决），另一种借助于可语言化的"梦—意象"（dream-imagery），试图抓住创伤状态的非语言化张力［过度刺激的恐惧或自体崩溃（精神病）的恐惧］。第二种类型的梦，描绘做梦者面对某些不可控制的张力升高的恐惧或对自体溶解的恐惧。正是描绘梦里的这些变迁的动作，构成处理心理危险的一种尝试——借着可命名的视觉意象来掩盖害怕且莫名的过程。就像之前提出的思考，对第一种类型的梦，分析师的任务是追随病人的自由联想到达精神的深层，直到以前的潜意识意义被揭发。然而，在第二种类型的梦里，自由联想未能引导至心智的潜意识隐藏层面；最多，自由联想只提供给我们更多意象，而这些意象仍与梦的明显内容在同一层次。对梦的明显内容的审查与对这些内容的相关阐述，让我们认知到病人精神的健康部分，正焦虑地对自体状态的干扰改变做反应——躁症的过度刺激，或严重抑郁的自尊低落——或面对自体溶解的威胁。我称这些梦为"自体状态之梦"（self-state dreams）；它们在某些方面类似儿童的梦（Freud, 1900），类似创伤性官能症的梦（Freud, 1920），并与发生在中毒状态或高烧幻觉的梦类似。第二种类型的梦，可以在本人的《自体的分析》中找到（Kohut, 1971, pp. 4~5, 149）。对这种梦的联想并未导致任何更深的了解，并未揭露任何更深的隐藏意义，只是倾向更聚焦于广泛的焦虑——而它从一开始就是梦的一部分。而解释梦的正确诠释——并非支持取向的心理治疗处理——是基于分析师对其一般病人的脆弱性所具有的知识，包括与特定的脆弱性吻合的特殊情况中的知识，所造成的几乎不伪装的古老材料的出现。例如，在个案C先生的"上帝"的梦里（Kohut，1971，p. 149），分析师在分析的大部分时间中，耐心而仔细地倾听其联想材料。之后，分析师说最近的事件——病人期待被公开地表扬，但同时又害怕必须离开分析师的预期——已重新点燃他古老的夸大妄想，且病人被这些妄想的出现所惊吓。但即使在梦里，病人似乎证明了他具有借着幽默来掌控的能力。这样的诠释结果是焦虑的实质降低，以及，更重要的是，先前隐藏的、来自儿童期的起源学材料的出现——而病人现在被强化的自我已经有能力面对这些材料。在结束对梦的短暂讨论前，我要说上面引用的梦是第二类型的梦中较纯粹的例子，其中古老的自体状态以未伪装（或只有少许的伪装）的形式被呈现。过渡的和混合的形式也会发生，例如，梦里的某些元素（通常是梦的整体情境、梦的气氛）描绘了出现的古老自体面向；而其他的元素则是结构冲突的结果——它们也是可以经由自由联想的分析解决的，并逐渐导向过去隐藏的渴望与冲动。

攻击的理论与自体的分析

除了讨论哈特曼关于阻抗的理论——他认为阻抗是因为攻击的能量贯注（见本书60~66页），之前关于驱力心理学与心智的驱力—防御—结构模式的思考，相对于自体心理学及自体与自体—客体的关系模式把焦点放在了力比多的挣扎。因此，现在为了完成我的论述，我必须转到对攻击的讨论。

一开始我要同意——如同在爱、情感和兴趣的领域里的现象——处理有关肯定（assertiveness）、恨和破坏的现象可以在驱力的架构下考量。换言之，人类的破坏性可被视为其心理装置的原发禀赋，而克服其杀戮本能的能力可被视为是次发的，而且可被综合论述为驯服一种驱力的能力。对人类的这种看法与相关的理论架构，在过去非常有用，而且在临床情境的里与外仍然是有力的解释工具。

这里可举一例，以古典的驱力理论架构来解释人的攻击性。可以确定的是，因为人使用餐具与食用煮过的食物，他必然要放弃许多口腔—虐待的驱力满足——或者反过来说，他必须能驯服自己的口腔—虐待驱力到达可观的程度，以便能够以文明的方式进食，并放弃以牙齿和指甲撕裂生肉的乐趣。

我要再次强调，前文以无关自体的驱力心理学用语讨论历史上文明进展的步骤假说是可能的。然而，当我们问自己为何文明习惯的获得会给人一种自尊提高的感受时，这种取向解释效力的某些限制可以很快地被认知。我相信这个问题的答案无法借由驱力—防御心理学而找到，更不会借由结构心理学（也就是，基于超我的概念）而发现——我们必须透过对参与的自体和其组成物的比较检视来接近它。的确，父母的赞同传递了文化的价值，而孩子可说是以直接的驱力满足来交换父母的赞同（以及后来超我的赞同）。但这样的综合论述仍不能满足那些对文化进展和个体行为的神入观察者——只要它限制其焦点于驱力和心智装置，它就是虽精确但仍不够完整的。例如，我们要问：当自体发动了撕裂和狼吞虎咽的行为，什么是自体的夸大幻想？以及相对的，当自体发动餐具的技巧运用，并在食物拿到嘴边时仍能骄傲地保持直立时⑦，什么是自体的夸大幻想？

对于依据古典驱力理论提出的论述，先前以问句措辞的自体心理学式的修正虽然很小，但绝非不重要。当然，我知道就它们本身而言分量不够，且对它们的需要还是无法把以下的主张合理化：那就是攻击的驱力理论是不适当的，而且我们需要在自体心理学的架构下，有另外一个可以处理攻击现象的理论。

古典精神分析主张攻击倾向（包括杀戮倾向）是深深根植于人的生物组成，而且攻击必须被视为一种驱力，并具有稳固的基础。人类不只具有先天形成的生物装置，让他能执行破坏的行为——例如，他具备了牙齿和指甲这样的工具，换言之，它们被用来撕裂和破坏——他也使用他的攻击潜能。确实有证据支持我们关于人类的概念：人类是一种攻击的动物，尚未成功地驯服其破坏冲动——亦即有许许多多关于人的实际破坏行为的资料，不管其作为个人或群体的一分子。难怪不满古典的综合论述的深度心理学家，会被其同僚怀疑是理想主义的逃避者，想要掩盖现实里令人不悦的片段。虽然我已经把古典的综合论述视为不适当的；虽然我尤其认为，视破坏性为原发本能的概念且挣扎着朝向其目标并寻找出口，对于分析师想使个案经由分析的方

---

⑦ 某些动物（狗在主人面前表现良好的时候——挺胸、举尾巴；若干灵长类动物表现癖地以后脚站立）骄傲的或自体肯定的行为以反重力的动作来表达。这种情感表达的模式与这样的理论相一致：飞翔的幻想和飞翔的梦是人类的夸大自体的渴望表现，是他的企图心的载体与煽动者。心理学是否和这里所说的物种演化理论彼此相关？是否发展步骤中较晚近的"直立姿势"（见E. W. Straus，1952），让它最易于成为表达胜利骄傲的感觉的象征行为？如果这种推论有价值的话，飞翔的梦和飞翔的幻想，当然会被独一无二地当作种族愉悦的表达——被每个新世代的幼童再体验。事实上，人类现在头已经明显高于地表；而自体的中心器官，亦即感知的眼睛已向上移动，并克服了重力的作用。

式去掌控自己的攻击性是没有助益的。但这并不意味着我否定人的攻击性，或者我想要使攻击性的显现较不频繁，或者使其后果较现实为轻。人类的破坏性的范围和重要性并不是问题——真正有问题的是它的意义，亦即其动力的和起源的本质。

作为一个实证的科学家和精神分析的临床家，我不是以推论去得到我对于人的破坏性的观点；我的理论的综合论述来自实证资料，透过研究被分析者对他们体验的谈论，尤其是那些关于移情的资料。基于研究我的病人的移情面向中关于人的破坏性的意义——特别是他们的"阻抗"和他们的"负向移情"——我已经开始用不一样的眼光来看他们的破坏性，亦即，不是被当作分析过程中逐渐揭露的原发驱力的显现，而是一种崩溃的产物；虽然它是原始的（primitive）但不是心理上最初的（primal）。我们在移情中所面对的攻击并不是心理的基石——不论当它们表现为"阻抗"是表现为"负向移情"。在第一种情况里，攻击常常是分析师行动的结果（当然，尤其是分析师的诠释），而这种行动被个案体验为神入的失败（与个案缺乏同调）[8]；个案动机的重点在于分析师目前的行为。在第二种情况里，攻击是对来自儿童期自体—客体（他们与小孩缺乏同调）的神入失败的反应的重现；而个案动机的重点在于过去（经常是关联于儿童期的自体—客体的精神病理）。

我们在分析中对人的观察——尤其是对被分析者的阻抗和负向移情的所观察与诠释而得的略嫌狭隘的行为样本，是否足以得出关于人类最普遍的一种特性的心理本质的一般结论？我不相信在精神分析领

---

[8] 这里要强调的是，并不是当分析师获知其神入的限制，就有罪恶感或被责备的含义。神入失败是无可避免的——事实上这些失败对于渴求神入的被分析者最终要形成稳固而独立的自体时是必需的。然而，重要的是去告诉病人他也无须被责备——至少不是意味着他表现一些核心的邪恶——并且该告诉他，他的愤怒是自己离开分析师的反应，且被他体验为自恋的创伤。

域之外的行为科学家，会温和地对这问题持肯定的回答。然而，我不得不坚持：通往人类体验世界的意义及通往其行为的意义的管道，借由精神分析情境中（动力的）更广和（起源的）更深的观察来了解的现象而向我们敞开；我相信这条管道是无可匹敌的，而我们在这些观察的基础上所得到的结论，确实值得被更广地应用[9]。

基本上，我相信人的破坏性作为一种心理现象是次发的；它起源于自体—客体环境在满足儿童对恰到好处的——要强调的是，并不是指最大的——神入回应的需求失败的结果。更进一步地说，攻击作为一种心理现象并不是元素的。就像有机分子中的无机构造元素，从一开始，攻击就是儿童的肯定的成分要素；且在正常情境下，它维持成人的成熟自体中肯定的一部分。

特别是具破坏性的暴怒，总是被自体的伤害所触发。而且，精神分析厘清破坏性（不论联结于症状或性格特质，或以升华或以目标—抑制的方式来表现）所能穿透的最深层面，并非当分析已经能够揭露破坏性的生物驱力时，也不是当被分析者觉察到他想要（或过去想要）杀戮的事实时。这样的觉察只是通往心理的"基石"的路上的中继站；这个基石就是让被分析者开始觉察到严重的自恋伤害的存在；这种伤害威胁到自体的统整——尤其是觉察到儿童期的自体客体所施加的自恋伤害。

当然，精神分析的读者应该已经认出，我在这里使用"心理的基石"的字眼，是为了让我的观点对照于弗洛伊德（1937，p. 252~253）有关精神分析的疗效的最后且深刻的论述结尾。我不相信阉割威

---

[9] 当然，有关人类行为各种层面意义的结论，也必须从人在他本来的所在地的观察中获得，也就是在历史的舞台、在政治里、在家庭里、在专业里，等等。这样的结论应该可以帮助分析师完成探求的任务，当他尝试在分析中发现新的心理结构，以及以分析的方式探索时。反之亦然。社会学和政治学的科学家，以及同样优秀的历史学家，应当知道分析师的发现和结论，并应该应用、测试，如果必要的话，应修正它们，以扩展它们的有效性。

胁［男性对于另一个男性的顺从被动的拒绝；女性对其女性特质（femininity）的拒绝］是分析不能穿透的基石。就我来看，基石是比生理存活的威胁，比阴茎和男性优越的威胁更为严重的一种威胁，就是对核心自体的破坏的威胁[10]。对几乎所有人都成立的是，维持身体—自体整合的需要是核心自体的普遍内容。而关于个人的自发性与肯定的需求，也一样是其普遍内容。但这并不是必须的，且并非没有例外。如果自体—客体的选择性回应在男孩或女孩的心里没有奠定一般的核心自体，而是导致获得核心的企图心和理想；而这种企图心与理想不会以阳具—表现癖的身体存活和兴高采烈的主动掌控为主要特征，那么，甚至死亡与烈士般的顺从被动都可以带着实践的光芒而被忍受。反过来说，存活与社会掌控可以用抛弃自体核心的代价而购得；且虽然看起来是胜利的，却导致无意义的和绝望的感觉。

虽然认识自恋伤害的起源—动力的首要性，不只在理论上，在临床实务上更是重要。但让我们先把焦点放在复杂心理构造的发展优先顺序上。从一开始，复杂心理构造所包含的攻击——不论对攻击的概念是一种驱力，还是一种反应模式——只是作为下级的成分，甚至正如最原始的生物构造（anlagen），是由复杂的有机分子而非简单的无机分子所组成的（前者是原发结构；后者虽然更原始，却是次发的。后者是前者的碎裂物，是前者崩溃后的产物）。儿童的暴怒和破坏性不应被概念化为原发的本能挣扎着朝向其目标或寻求出口的表达。它们应被定义为退化的产物，是更宽广的心理构造的碎片；它们应该被概念化为组成核心自体的更宽广的心理构造的碎裂物。简单地说，攻击从一开始就是这些更宽广的构造成分——不论它们在生命的早期是多么原始。以描述的用语来说：关于攻击的行为基准线，并非暴怒——

---

[10] 值得一提的是，弗洛伊德的基石是在于"生物的"领域，但牵涉到心理的问题，即病人不能克服自恋的伤害。

破坏的婴孩——而是从一开始就是肯定的婴孩。他的攻击是稳定和安全的成分要素，并借此向提供其（平均的）神入回应环境的自体—客体提出他的需求。虽然创伤性的神入破裂（延迟）当然会是每个婴孩不可避免的体验，但婴孩表现的暴怒并非原发的[11]。原发的心理构造，不论其存在如何短暂，包含的不是破坏性的暴怒，而是未被结合的肯定；随后较大的精神构造的破裂，孤立了肯定的成分，也就这样次发地把它转变为暴怒（这怎么可能在子宫中的成功存活期之后被倒转过来？）。在这样的情境脉络中，对于行为学派认为婴孩在他的环境中发展信心的论述〔班内德克（Benedek，1938）；也参考我对班内德克与其他人的特定理论看法的评论（1971，p. 219，fn.1）〕，我没有异议。然而，这种基本上属于社会心理的综合论述，虽然正确地描述了发展的顺序，但不够精确；因为它没有考虑婴孩的信心是天生的这一关键事实，而这种信心是从一开始就有的。婴孩不是发展（develop）信心，而是重建（re-establish）信心。换句话说，原则上心理生活的基准线的发现，不是在于完全的精神平衡的状态（无梦地安睡中的婴孩）或精神平衡严重受干扰的状态，亦即创伤的状态（暴怒的、饥饿的婴孩）——它显示在最初冲动的体验内容。那时精神平衡刚开始被干扰而需要重建（健康而肯定的婴孩宣称他的需要）。

有两点看法应该被强调：关于攻击是非破坏性的原发构造的成分，以及这些原发构造碎裂后出现的孤立的破坏性——"驱力"。就心理上而言，它是一种崩溃的产物。

（1）在生命开始的时候，这些非破坏性的原发心理构造非常简单，且无意念的内容；而且，我要再次强调的是，它们并非孤立的驱力。假若一位深度心理学的理论学家在这一点上坚持我们所说的前心

---

[11] 法国小儿科医师勒博耶（F. Leboyer）的发现在此应该被考量。勒博耶（1975）主张（而且他用影片支持自己的主张）新生儿的愤怒哭号不是不可改变的。如果从一开始婴孩便被神入地回应，那么婴孩就不会有攻击。

理的状态要以生物学或行为学派的方法来探索,他就很容易排斥这样的看法:就心理而言,孤立的攻击是崩溃的产物。假如他坚持生物学的取向,那么看起来是婴孩的破坏行为的心理本质的问题就简单地被延宕;而我的结论将必须等到心理生命开始的那一点起,才能加以应用。然而,假如基于神经生理学的资料,简单的行为学派观点被鼓吹为研究小婴孩的唯一有效的科学取向;那么我们要问的是,行为学派者是否承认当他评估婴孩的活动时是混合着神入的。如果他承认的话,那么我的结论就可以应用;如果他不承认的话,问题就再次被延宕。

(2)我认为从一开始就存在的更宽广的构造,其情境脉络中作为元素之一的攻击所扮演的角色——不论婴孩的这些构造可能多么原始——起初应该被看作为了建立原初的自体而服务,以及后来为了维持这自体而服务⑫。换句话说,非破坏性的攻击是原初自体对其需求的肯定的一部分;而且每当恰到好处的挫折(自体—客体的神入回应有了非创伤性的延迟)被体验到时,它就被动员起来(在环境中画定自体的界线)。这里要补充的是,非破坏性的攻击有其自身的发展路线——它不是借由教育的影响而从原始的破坏性发展出来,而是在正常的情境下,由非破坏性的肯定的原始形式发展到肯定的成熟形式;而在肯定的成熟形式里,攻击从属于任务的执行。一旦努力的目标被达成,正常的、原发的、非破坏性的攻击,不管以原始的形式或发展完成的形式,就平息了下来(不论这些目标主要是关于客体,被体验为分离于自体——作为独立的启动中心,还是关于自体和自体—客体)。然而,如果阶段恰当的对自体—客体的全能控制的需求,在儿童期被慢性地挫伤,那么慢性的自恋暴怒及其所有的有害后果将会

---

⑫ 见本书关于儿童的原初自体要透过生气来界定自己;如果父母对此需求不能神入,就无法以坚定的"不"来面对儿童;而这样的拒绝将与儿童的发展需求同调,从而唤起儿童健康的愤怒。

产生。破坏性（暴怒）及其后来伴随的意念，亦即确信环境基本上是敌意的——梅兰妮·克莱茵（M. Klein）的"妄想形势"（paranoid position）——并不会因此构成元素的、原发的心理禀赋。虽然事实上它们可能终其一生，影响着个人对世界的感知模式并决定其行为，但它们仍是崩溃的产物——是自体在对自体—客体有创伤程度的神入回应失败下的反应。而此时孩子正开始去体验其自体的最初的、模糊的轮廓。

　　这里值得再强调的是，我对于攻击与暴怒体验所提出的信念，也可以应用在力比多驱力上。婴儿的性驱力如果单独来看，不是原发的心理构造——不论在口腔的、肛门的、尿道的或阴茎的层次。原发的心理构造（驱力只是其中的一种成分）是一种自体与神入的自体—客体间之关系的体验（见本书54~55页关于母亲与孩子间想象的互动的描述）。单独的驱力表现，只有当自体—客体环境的神入创伤的且/或过久的失败之后才会发生。另一方面，健康的驱力体验总是包括自体与自体—客体——虽然如我之前所指出，假如自体没有被严重干扰，我们可以在精神动力的综合论述中将它省略，而不会有太大的损伤[13]。然而，如果自体被严重地伤害，或者破坏，那么驱力本身就变成了强大的集合体[14]。为了逃离抑郁，儿童从不神入的或缺席的自体—客体，转向口腔的、肛门的与阳具的感觉，并且很强烈地体验

---

　　[13] 我毫不犹豫地主张，爱的客体如果不能同时也是自体—客体，就没有成熟的爱。或者，我们可以用社会心理的情境脉络来说明这个深度心理学的综合论述：没有相互的（提升自尊的）镜像与理想化，就没有爱的关系。

　　[14] 我很感谢莱文博士（Dr. Douglas C. Levin）对于现代物理学的综合论述与我在本书提出的理论，所提出的启发性类比。莱文博士说，就像原子核的分裂会引起巨大能量的出现，自体（"核心"的自体）的分裂造成单独的"驱力"的出现，例如造成自体暴怒的爆发。［附带说明的是，对于碎裂中或几乎已经被摧毁的自体，在它受伤之后所产生的破坏性的最猛烈的爆发，是出现一些灾难式的惊慌反应（catastrophic reactions）（见Kohut, 1972, p. 383）或是僵直型精神分裂症的狂乱（furor of catatonic schizophrenia）。］

这些感觉。而这些驱力—过度贯注（drive-hypercathexis）的儿童期体验，变成成人精神病理形式的结晶点；而这些病理本质上是自体的疾病。此处容我再度强调：精神分析对于若干性变态所能达到的最深层次，不是关于驱力的体验（以行为学派的用语来说，例如儿童的口腔的、肛门的与阳具的自慰）。而分析的目标不在于用现在认定为完全揭露的驱力来面质病人，让他可以学习去压抑驱力、升华驱力，或用其他的方式把它整合入他整体的人格中。分析所能达到的最深层次不是驱力，而是对于自体组织的威胁（以行为学派的用语来说，就是抑郁的儿童、疑病的儿童，以及感觉自己死掉的儿童），是一种缺乏维持生命所需基质的体验；而这种基质就是自体—客体的神入回应。

　　再回过头来考量攻击在人类心理学的位置，让我再度强调暴怒与破坏性——此处我还纳入了起源上关键的儿童期前驱体验，这些体验可以说明我们的自恋型人格障碍病人在移情中再活化与回忆到的自恋暴怒的倾向——不是原发的禀赋，而是对自体—客体的错误的神入回应发生的反应。的确，对于自体—客体的完美神入的信赖，儿童必须要有一定量的挫折——不只为了引发转变内化作用以建立忍受延迟所必需的结构，也为了刺激他们获得必需的反应。而此反应与世界包含真实的敌人的这个事实相一致，也就是其他自体的自恋需要与自己的自体存活相违背。如果这种一定量的挫折不存在——也就是儿童的自体—客体与儿童保持不神入的、过度的纠缠不清且为时过久——那么被我有时在临床情境中玩笑地指称为病态的缺乏妄想（pathological absence of paranoia）就可能接着发生。但为暴怒与破坏性寻找出口的单独挣扎，不是人类的原发心理装置的一部分；而且我们在临床上所碰到的有关潜意识暴怒的罪恶感不应该被视为病人对原初的婴儿邪恶的反应。

　　对立的看法——依我来看是错误的看法——是克莱茵学派所主张的。我在其他的地方（1972）所讨论的治疗态度，与此处我提倡的基本治疗观点是相互关联的。（对比于被克莱茵学派影响的看法）我的观点造成了（在分析进行的整个策略上）重点从一组比较靠近心理表层的心理表现（暴怒的内容、病人对他的破坏目标的罪恶感）转移到更为深层的心理基质；而暴怒与对暴怒的次发罪恶感就从中产生。换句话说，暴怒不应被视为原发的禀赋——一种需要赎罪的"原罪"、一种需要被"驯服"的兽性驱力——而应该被视为一种特定的退化现象、一种因为更广泛的心理构造的崩溃而孤立出来的心理碎片——因而显得去人性的（dehumanized）且堕落的。暴怒的产生是因为自体—客体（病理的与致病的）缺乏神入。虽然因为技术的理由，暴怒的抑制（curbing）与"暴怒—罪恶感"循环（rage-guilt cycle）的动力学经常在分析的舞台上短暂地占有显著的位置——没有意识到其暴怒的被分析者，在他能够有效地检视发生暴怒的更广泛的情境脉络前，必须先体验暴怒——但分析的最终任务，是在于让被分析者变得对自己充分地神入，可以认知暴怒发生与罪恶感被加强的起源的情境脉络（借着自体—客体对儿童的责怪，因为他们本身没有能力去适当地回应儿童的情绪需要）。病人在儿童期所暴露的致病的自恋挫折发展成自恋型人格障碍（带着次发的暴怒与罪恶感）的基质背景，假如暴怒与罪恶感因而在移情中被修通，那么暴怒与罪恶感将会逐渐平息，而病人也可以用成熟的宽容和原谅的观点来看待双亲的缺点（或许是双亲自身的童年体验所造成的结果）；而对于环境神入回应所需要的不可避免的挫折，他也能借着更多样化与更细腻的反应来学习处理。

一方面是自体心理学，另一方面是驱力的固着与自我的婴儿化，二者之间的动力—结构关系在若干性变态类型中特别清楚；而自体障碍是这类变态者的心理疾病的中心。

A先生（见Kohut，1971，pp. 67~73）的母亲在他的童年对他提供大致上不适当的镜像；而他理想化的父亲影像又被创伤地破坏。在他分析的早期，他回忆当自己还是孩子的时候，他所画的人物有大头，但作为支撑的身体与四肢却像铅笔一样细。在他一生的梦中，他所体验到的自己是一个脑袋位于没有实体的身体之上的形象。随着分析的进行，他变得能够描述困扰他的可怕空虚感与若干强烈的性幻想之间因果的（动机的）关联。当他感到抑郁的时候，他就转向这些幻想，其中他想象自己用"脑袋"征服一个强壮的男性人物，利用一些聪明的策略将他囚禁，并借着前意识的口交幻想吸取这个巨人的力量。他从小就感觉自己不真实，因为他体验到的身体—自体是碎裂而无力的（源于缺乏母性的自体—客体所给予的适当的欢愉回应），也因为勉强建立的、引导其理想的结构非常脆弱（源于父性的全能自体—客体的创伤性破坏）。只有他夸大—表现癖的自体中的一个碎片，仍保持一定的稳固与力量——他的思考过程、他的"脑袋"与他的聪明。在这样的背景下，我们必须理解伴随其自慰活动的变态性幻想中的非性欲意义。幻想表达的是尝试运用他的夸大自体（全能的思考：策略）的最后残余，以重新掌握理想化的、全能的自体—客体（对它施加绝对的控制——把它囚禁），然后透过口交来将它内化。虽然自慰行为给予个案短暂的力量与自尊提升的感觉，但它当然不能填补其受苦的结构缺陷；也因而必须一次又一次地重复——病人确实对自慰成瘾。然而，结构缺陷的成功填补，最终可以透过分析的修通以非性欲的方式来达成——不是造成神奇力量的摄入（incorporation），而是促成理想化目标的转变内化作用以提供自体自恋的支持。

当我们在自体与自体—客体的关系架构下检视这个病人的性虐待幻想——把自体—客体囚禁以夺取它的力量——而不是从驱力心理学的观点来看它时，其意义就变得可以理解。令人困惑的性被虐狂（sexual masochism）的本质，如果透过下面的解释来检视，也得以被更宽广地阐明：儿童对理想化的自体—客体的健康融合渴望持续没有得到回应之后，理想化影像就破裂为碎片；同时融合的需求被性欲化且指向这些碎片。性被虐者尝试去填补自体这个部分的缺陷，透过与全能的双亲影像的拒绝特征（处罚、贬抑、轻视）做性欲化的融合，来寻求强化的理想。

在结束性变态的主题之前，为了完整起见，我要补充说明，可能存在有些类型的性变异（sexual aberration），其自体本质上是完整的。在这样的例子里，不正常的性目标的建立是因为逃避俄狄浦斯的冲突而推动的驱力退化，尤其是在阉割焦虑的压力之下。然而，这一类的个案，因为稳固的自体主动地找寻特定的前生殖器期的愉悦——换句话说，不是自体尝试借助于变态活动来获得统整与实质——在分析师的临床实务上很少碰到。我会假定这样的个体不会强烈地感觉到治疗的需要，不像那些中心精神病理是碎裂的或脆弱的自体个案。

分析师在临床工作上所见到的大部分性变态者，他们的行为从表面上来看是原发的驱力表现，实际上是次发的现象。例如，性虐待与性被虐的本质，不是原发的破坏或自体破坏倾向的表现，不是原发的生物驱力，且仅能借着融合、中和与其他方法来次发地抑制；它是两阶段的过程：在原发的心理单位（肯定地对自体—客体要求神入—融合）崩溃之后，驱力作为崩溃的产物出现；驱力因而被招募，借着病态的方法尝试促成已经丧失的融合，就像变态者的幻想与行为的演出。

但是，不是只有特定的攻击驱力的原发概念，尤其是一般的"驱力"的原发概念——对于深度心理学所处理的复杂心智状态的世界，它们在大范围的领域中是不适当的。驱力被"处理"的方式的概念，尤其像是压抑、升华或释放这样的概念，其形成类比于一般机械运作的模式（筑坝来阻流河水、电流通过变压器、将脓肿引流），不能合理地认知一些重要的、实证上可确定的心理事实。就我们对驱力的压抑、升华与释放的概念所提出的问题。这些看似远离体验的议题，实际上具有重要的影响；或者——就正面来说——自体心理学所引导的概念改变，不只是影响我们理论的视野，也特别影响我们作为治疗师、教育者与社会工作者的视野。例如，如果一个分析师对其个案若干行为表现的感知，被这样的印象引导：他的行为是退化的攻击，是被反作用力抑制的一股力量（例如防御的过度理想化），那么分析师的目标就在于使个案意识到攻击，让它可以被压抑，被升华为个性上的稳定，或透过现实的行动被释放。或者，举一个社会领域的例子，一个社会改革者的建议若基于驱力的古典精神分析理论，可能会倡导贫民区青少年攻击驱力的释放，借着机构的、社区无害的活动，如运动、电影与电视所提供的攻击幻想，等等。但无论这些概念如何优美地简单、具有说服力，它们不总是适当的。至少在一些显著与重要的例子里，我很确定攻击无法像脓肿被引流，或像性交中的男人精液被释放一样——例如，严重的慢性自恋暴怒，在个人身上可以持续一生，不因任何释放而减轻；而这种情形也发生于群体中某些最具破坏性的倾向。克莱斯特（Kleist）写的《米夏埃尔·科尔哈斯》（*Michael Kohlhaas*）[15]与梅尔维尔（Melville）写的《白鲸记》（*Moby Dick*），是个人心理学领域的艺术例证；而带有报复的破坏性的希特勒追随者，在群体心理学的领域构成了历史的例证（参考Kohut，1972）。

如果我们把注意的焦点，从借着心理装置处理驱力的印象，转到自体与自体—客体关系的观念，我们就会在这些例子里得到更清晰的概念，并从而增加我们最终的掌握能力。正是自体对于自体—客体丧失了掌握，造成了愉悦的肯定的碎裂，并更进一步造成了慢性自恋暴怒的升高与确立。对于孩子健康的肯定，双亲作为愉悦的镜像之自体—客体能力如果缺乏，后果可能是一辈子也无法释放的摩擦、尖酸

---

⑮ 译注：克莱斯特（Heinrich von Kleist）是浪漫时期德国剧作家与小说家。他的作品《米夏埃尔·科尔哈斯》（*Michael Kohlhaas*）描写男主角没有犯罪，却因一个地方官赖账不还，长期坚持让法院还给他一个公道，最后反而被当局视为威胁而被迫害的故事。

刻薄与虐待狂——只有借着分析，把对于自体—客体的原始需求重新活化，才能让暴怒与虐待的控制真正减少，并恢复到健康的肯定；对于群体的攻击也有类似的治疗行动。就像我先前所说，被未驯服的攻击驱力概念所启发影响的社会改革者，可能致力于贫民区青少年运动的提倡，透过升华与目标—抑制的驱力—释放，来减少敌对的张力。然而，被碎裂的自体的印象所影响的社会改革者，其焦点不是贫民区青少年的攻击—破坏驱力，而是他们欠缺统整的自体；他将会尝试借着提高自尊与提供可理想化的自体—客体来采取治疗的行动。但是，值得我们思考的是，驱力导向的策略可能会成功，虽然作为其基础的理论较不适切。以刚才的例子来说明：引进制度化的运动可能真的减少贫民区青少年的攻击—破坏倾向——不是因为它提供了驱力的出口，而是因为自尊的提升，因为双亲的自体—客体（政府机关）对这些年轻人感兴趣，因为有技巧地使用身体而增加了自体—统整，而且提供了可理想化的人物（运动英雄）。换句话说，所有这些社会改革之所以有效，是因为造成了这些青少年自体的稳固，并次发地减少了广泛的暴怒——而这些暴怒产生于之前碎裂的基质。

分析的结案与自体心理学

就如我在这一章的开头所言,我们理论上的看法会决定性地影响我们对问题的判断,这个问题就是关于分析是否达到结案的终点。然而,与一般可能的预测相反,结构心理学对于结案的看法,即使是更为精炼的自我心理学,也与结构心理学之前地志学的(topographic)概念相关的看法没有显著的不同——确实,从自体心理学的观点来看,这两种看法彼此间的关系相当紧密。"结构的看法"评估的是自我的自律(ego autonomy)与自我的优势(ego dominance)的程度,评估自我从驱力中独立,与难以控制的驱力的驯服的程度;而"地志学的看法"评估的是知识累积的程度(婴儿化失忆的消失、关键童年事件的回忆与动力学上相互关联性的掌握)。但这二者有一个共通点,即它们对人类情形的看法的根本特征:一方面是他享乐—寻求(pleasure-seeking)与破坏倾向间的冲突;另一方面是他的驱力—经营(drive-elaborating)与驱力—抑制(drive-curbing)的心理装置(自我与超我的功能)间的冲突。

相对的,自体心理学如何评估被分析者对于结案的准备程度?

对我来说,用更宽阔的观点来看,人类的功能应该被视为有两个方向的目标。如果一个人的目标朝向驱力的活动,我把他称为内疚人(Guilty Man);如果他的目标朝向自体的实现,则是悲剧人(Tragic Man)。简短地说,内疚人的生活依据享乐原则;他尝试满足其享乐—寻求的驱力[16],来减少源自性欲区的压力。事实上,人不只因为环境的压力,特别是因为内在冲突的结果,而经常不能达到其

---

[16] 与我之前的主张一致:深度心理学所能探索的领域,需要两种互补的解释取向(见本书53~54页),此处我所描述的内疚人的心理学,没有关联于参与的自体。(然而,也参考本书138~141页,我对于狭义的自体心理学的论述,也就是把自体概念化为心理装置的内容。)

性欲区的目标。在这样的情境脉络下，我把他命名为内疚人。把人的精神视为心理装置的概念，与围绕在心智的结构模式（超我与乱伦的享乐欲望之间的冲突是一个古典的例子）周围的理论组成了分析师综合论述的基础，被用来描述与解释人在这个方向上的努力挣扎。另一方面，悲剧人寻求表达其核心自体的模式；他在这个方向上的努力超过了享乐原则。但不能否认的事实是人的失败⑰笼罩在他的成功之上，于是我把这个面向的人负面地命名为悲剧人，而非"自体—表现的"或"创造的人"。自体的心理学——尤其是自体作为双极结构的概念（见本书119~143页），以及在两极间存在着张力斜度（tension gradient）的主张（见本书124页）——构成了综合论述的理论基础，被用来描述并解释人在第二个方向上的挣扎。

　　我已经大致描述——虽然只有粗略的数笔——对于人的心理本质，我所能分辨的两大面向，以及用来处理这两大面向所需的两种深度心理学取向。让我回到一开始的问题，将这些思考做一番整理：我们必须用什么标准来评估分析是否达到了足够的治愈？以及我们要用什么标准来评估分析是否达到有效的结案？虽然这些问题大部分在之前不同的情境脉络里已经被回答过了；但现在这些问题经过之前的反省与再考察后，应该有了新的面向的意义。

　　在结构性官能症的案例中，我们对于分析的进展与成功的评估，可以借着估计个案获得多少关于他自己的知识，尤其是关于他的症状

---

⑰　然而，悲剧人的挫败与死亡，不必然表示就是失败的；他也不是寻求死亡。相反，死亡与成功甚至可能同时发生。此处我所说的（如弗洛伊德在1920年所言）不是深藏的、活跃的被虐的力量，驱使人迈向死亡，也就是他最终的挫败；而是英雄的得意的死亡——胜利的死亡。换句话说（对于现实生活中被迫害的改革者、宗教上被钉上十字架的圣人，以及舞台上垂死的英雄）让悲剧人最终的成就得以盖棺定论：透过他的行动实现了他的生命蓝图，而这蓝图在其核心自体中早已植下。我对于悲剧人挣扎表达其自体的基本模式所做的描述，虽然也意指着超越享乐原则的功能，却和弗洛伊德（1920）所说的基本挣扎的存在——死亡本能（Thanatos）——目标朝向破坏的攻击与死亡有关的心理生物的综合论述有决定性的不同。

与病态人格特点的起源与心理动力的知识；以及估计他对于自身婴儿化性欲的、攻击的挣扎得到多少控制，新获得的控制是否稳固与可靠。

然而，如果我们处理的是自恋型人格或行为的疾患，分析成功的量度主要靠评估其自体的统整与稳固，特别是借着判定自体的一部分是否在两极之间变得连续，并成为愉悦活动的可靠发起者与执行者。用更不同的术语来说，在自恋型人格障碍的案例中，分析过程所产生的治愈，是借着自体—客体移情与转变内化作用来填补自体结构中的缺陷的。通常——就像M先生的例子——治愈的达成不是借着完全填补其原发缺陷，而是透过代偿结构的复健。决定的关键不在于是否所有的结构都已经变得有功能，而在于复健的结构的功能运作现在是否能让个案享受其有效的功能与有创造力的自体体验。我只要补充，在这简短的、单向的因果关系论述后——结构缺陷的填补，造成功能活力的增加——反射的良性循环现在也被建立：强化的自体变成人格中技巧与天分的组织中心，因而改善这些功能的运作；技巧与天分的成功运作，更进一步地反过来增加自体的统整与活力。

对于自恋型人格障碍的个案，关于什么构成了分析的治愈与有效的结案的相关问题的回应，我们需要再进一步说明。因为有人可能批评它忽略了认知的参考架构，也就是因为没有把焦点放在分析中被分析者所获得的知识的内容与范围，因为它没有考虑——评估与量度——个案所获得的领悟。知识的累积在近代的精神分析来说，可能真的不像早年般受到重视——即使是冲突型官能症。然而，我相信这样的转变基本上不是因为早年分析师注意的焦点是结构性疾患，而这一代分析师的注意力转到自体的疾患。换句话说，决定性的改变主要与观察者的态度有关——从强调知识累积的地志学观点（让潜意识进入意识），转移到强调自我领域扩张的心理结构观点——而非关于主题的本质，也就是改变不是关于从对古典的移情官能症的强调转到对自恋型人格障碍的强调。事实上，运用知识累积（领悟获得）的标准来评估自恋型人格障碍的分析治疗，就好像评估古典的移情的分析治疗一样容易；只有知识的内容与知识获得的阻抗，在冲突型官能症与自恋型人格障碍二者间有所不同。在冲突型官能症中，隐藏的知识是关于驱力—欲望的——如果我们愿意忽视参与的自体。而其阻抗则源于自我的潜意识婴儿层（unconscious infantile layers）想要保护其人格免于体验到关于这些驱力欲望的童年恐惧，例如阉割焦虑。在自恋型人格障碍中，隐藏的知识是关于核心自体的渴望的——需要透过适当的镜像回应与理想化自体—客体的回应肯定自体的实在。而其阻抗的根源来自人格最深理的潜意识层：阻抗是古老的核心自体的活动，不想让自身再次暴露于具有破坏性的自恋伤害中，且发现其基本的镜像与理想化的需要未被回应，也就是其阻抗来自崩溃的焦虑。

　　从以上的描述可知，移情官能症与自恋型人格障碍，两者间分析过程的模式有清楚的差异，但差距不大：对于前者我们处理的是心理结构间的冲突；对后者处理的是古老自体与古老环境——心理结构的前身（参考Kohut，1971，pp. 19，50~53）——之间的冲突。在这样的概念架构下思考，对于结构型官能症与自恋型人格障碍，评估我们分析努力的成功与失败的标准——以及关于结案的适当时机是否达到的问题——基本上是相同的。但因为这两类疾患所压抑的内容不尽相同——一边是乱伦驱力—欲望，相对于被处罚的恐惧（阉割焦虑）；另一边是缺陷自体的需求，相对于避免再暴露于童年的自恋伤害与羞辱（崩溃焦虑）中——这些标准必须以不同的方式运用。当自恋型人格障碍如同古典的移情官能症可以被分析时，这些个案发展的自体—客体移情与结案所需的相关通彻过程，不是遵循着古典的模式。自恋型人格障碍的基本精神病理的定义是根据这样的事实：自体没有被稳固地建立，自体的统整与稳固依赖于自体—客体的存在（以发展自体—客体移情），而且自体对于丧失自体—客体的反应是单纯的脆弱、不同的退化与碎裂。［就像我之前强调过的（Kohut，1972，p. 370，n.2；1975，n.1），这些不幸的变化可逆与否，就把自恋型人格障碍与精神病及边缘型状态区分开来。］因此，自恋型人格障碍分析的结案，其评估的概念标准必须借助于评量精神病理中心的自体的不稳定性的减少程度。换句话说，就自恋型人格障碍的分析来说，当被分析者的自体变得稳固，当对于自体—客体的丧失不再以碎裂、严重的脆弱或不可控制的暴怒作为反应，那么分析就达到了结案的阶段。

但无论以知识的累积（领悟）来评估，或——显然更为贴切的取向——以自体所达成的统整与稳定的程度来评估，我想再次强调（参考本书14页），具有重要意义的是个案的内在感知（经常在梦里隐微地但有说服力地表达）认为达成分析的任务。当然必须小心地审视病人的观点，也必须考虑病人防御地逃到健康的可能性。无论如何，我越来越相信在自恋型人格障碍中——类似的思考也适用于古典的官能症——就像移情的自发建立（分析过程的开始）。病人觉察到自体—客体已经成功地转化为心理结构，是过程本身的一部分。我们必须小心地介入此一过程，我们可以促进与纯化它，却基本上无法控制对它的揭露。

这些思考让我得到下面初步的结论。对于自恋型人格障碍的分析，其成功的终点在于适当的结案阶段已经建立并通彻之后，被分析者先前脆弱与碎裂的核心自体——其核心的企图心与理想与若干天分与技能群一起合作——已经变得充分强化与稳固，能够或多或少地发挥功能，作为自体—推动、自体—引导与自体—维持的单位，并能提供给他人格的中心目标，赋予他生命的意义。为了强调这种治疗的成功是借着精神功能的持续改变而达到的，我建议用"功能的复健"来形容这种自体恢复的过程的结果。换句话说，自恋型人格障碍的分析，其结案阶段的特征表现将会出现于被分析者的自由联想中；其自体—客体（与其功能）已经充分地转化为心理结构，所以它们在一定的范围内独立地发挥功能（见本书第四章的注⑧；以及Kohut，1971，p. 278n），并与主动性（企图心）以及内在指引（理想）的自体产生的模式相一致。

第三章　对于分析中证据本质的省思

除非先界定所要治疗障碍的本质，否则我们不能探究精神分析中适当的结案与治愈的问题。而且我们也不能说服任何人，透过分析所减轻或治愈的若干精神疾病的定义的正确，除非可以成功地证明这些定义所根据的架构——就本文而言，就是自体心理学的架构——是有效而一致的。自体心理学是否真的可以满足上述标准，无论如何，不能只借着逻辑上的推论就得到令人满意的支持。没有实证的资料，一个人只能证明他观点的内在一致性。

在我根据实证资料的检视开始论述精神分析需要自体心理学之前，对于想要尝试认真评估这个理论上新发展的解释效力的任何人，我会要求他先放下既有的信念：所有的心理疾病可以在一般的心理—装置心理学（mental-apparatus psychology），尤其是现代的结构—模式心理学（自我心理学）架构下充分地得到解释，或甚至在俄狄浦斯情结的成熟阶段得到解释。换句话说，对于复杂的心理状态的领域，只有当评估者为了让自己接触到新的构造可以暂时中止他相反的信念时，才能进行有关实证资料的新看法与新理论解释效力与启发价值的衡量——这是一项比较困难的任务。（此处我略过特定的情感阻抗的问题，而只针对因为习惯的认知模式所提供的安全感要将之放弃的不情愿。）评估者必须能够长期并持久地放下他对资料的传统看法，才能够熟悉新的理论。

任何初学者当然可能这样权威地告诉我，例如，M先生停止分析的时机，正是应该开始的时候；也就是说，当他想要与理想化父亲融合时，这种渴望将转为俄狄浦斯的竞争且伴随着阉割恐惧。清楚的是，我不能完全否认在M先生的自恋性障碍下潜藏着俄狄浦斯的病理。我只能说，虽然我对这样的可能保持开放的态度，但基于广泛的临床经验来看，这种可能性不大——尽管偶尔真的发现，起初看起来是自体的原发障碍其实掩盖了核心的俄狄浦斯病理。

当然，存在于自体病理学与结构病理学之间的各种关系需要更多的探讨。它们可以给人类心理学带来崭新的、可能是不可限量的曙光，只要研究者的心智不要排除这样的观念：人类心理学的一整个部分，在本质上独立于儿童的俄狄浦斯期体验；而且俄狄浦斯情结不只是某种心理障碍类型的中心，也是心理健康的中心——它是发展上的成就。

关于正常发展与精神病理有两方面的观点，一方面是儿童在俄狄浦斯情境中与卷入的客体的体验；另一方面是儿童在自体形成情境中与卷入的自体—客体的体验。对这两个方面的相对重要性的评估，需要回到专注而没有偏见的临床观察。无论如何，论文上与书本上的相关临床描述，甚至是详细的个案史报告，都无法为特定心理资料的特定诠释的正确性提供令人信服的证明；而这些论述本身也不能提供充分的证据来支持一种观点比另外一种更适切、更周延、更能正确地区辨。心理世界所包含的众多变数，注定让纯粹的认知取向失败。经过训练的人类观察者所具有的精炼的神入，无论如何，构成了深度心理学的两个步骤中的第一个步骤——理解——的执行的适当工具；而标示着深度心理学的两个步骤的特征也就是理解与解释。我认为经过训练的观察者的神入，对心理领域①带来有意义的掌握——理解——

---

① "了解"期之后必然接着"解释"期，但这在此不具重要性。

是不可取代的步骤；这个事实显示了本书（以及一些我其他的著作）两个紧密相关的特色：个人表达的使用——例如"我变得愈来愈相信"——以及我在临床描述中强调的分析师对资料的回应——逐渐地确信他所达到的不同结论中有一个是正确的[②]。我的临床资料是为了具有启发意义。我想要证明我的观点，并将之提供给我的同事，让他们在自己的临床上实验性地运用。分析师只有将自体心理学运用在他们自己的工作上，才能使其一致性与活力获得稳定的确信。个案的呈现已经成功地去除了读者对作者论文的正确性的怀疑；这个事实证明了作者的技巧与才智——但它不能作为他论文正确性的证明。一个被分析者可以给出50个非常适切的联想，而其意念内容可将资料导向特定的诠释——然而他声音的音调、他的动作与身体姿态所透露出的心情及散发出的信息，将告知分析师其资料的意义并不在此。

那么，对于所观察的资料，分析师如何得到有效的了解？毕竟深度心理学不能像研究外在世界的科学，如物理学与生物学那样透过感官观察所得的证据来支持其诉求。无论如何，精神分析中有效的科学研究是可能的，因为（1）对其他人的体验的神入理解，就好像人的天赋：视觉、听觉、触觉、味觉与嗅觉一样的基本；（2）精神分析可以处理神入地理解过程中的障碍，就像其他科学已经知道处理其运用观察工具——感觉器官，包括它们的延伸与借着仪器的提升——的障碍。

在我们的领域里要得到有效的结果，必须在两个原则的背景下评估其可能性：一个是关于神入的观察者的情感状态，另一个是他任务的认知面向。第一个可以称为国王的新衣原则，它具体化了这种看法：在精神分析中，发现事实有时需要的是观察者天真的勇气，而

[②] 弗洛伊德有两个简单但重要的论述：他对神入在心理学中不可替代的角色的讨论（1921，p. 110，fn.2），以及他评论精神分析领域的科学性解答的步骤（E. Freud，1960，p. 396）。

非高度发展的认知装置。第二个原则——让我们把它叫作罗塞塔石（Rosetta-Stone）原则，它具体化以下的看法：新发现的意义（或其重要性）的有效性，必须通过类比于解读象形文字的确认过程来建立。假如观察者—解读者可以证明，更多的现象可以从新的观点来组织拼凑出有意义的信息，更大范围的资料如今可以被理解并被有意义地诠释，那么他对于新的诠释模式就可以有更强的确信。

精神分析师感兴趣的根本焦点，在于所审视的资料的意义与重要性，而非因果顺序。他对人类体验的理解，不再是时间与空间的因果思考所能接近的，而是类似象形文字解读者的有效断言。换个说法就是，深度心理学者靠三个方法追求心理事实：借着神入，从所有他可能发现的各种不同观点来持续检视实证资料；借着指出特定的神入角度，让他可以最有意义地了解资料；以及最后，借着移除神入的障碍（主要在他自身）———方面透过例子与鼓励，一方面透过重复向同事说明——从新的神入角度区辨迄今尚未认知到的心理模式[③]。

下列临床故事的说明——它们被提出的目的与其若干形式上的特色——我们应该透过以上论述的背景来评估。它们是为了证明，在自体心理学的架构下，而非驱力心理学、心智的结构模式与自我心理学的架构下，若干临床现象的意义与重要性，可以被更宽广地、更深入地理解。

---

③ 未来可能产生量化的取向，神入的研究者借着量化的方法论从一种特定的观点来看，并决定资料的数目或计算细节的数目，以形成有意义的构造，从而确立其信心。

临床范例的说明

分析师的孩子

在我近几年的临床经验里,有好几位病人是分析师的孩子④。他们找我再分析,因为他们觉得之前的分析是失败的。他们苦恼于一种不真实存在的模糊感(他们时常不能体验到情绪),而且他们体验到一种强烈的(然而冲突的)需要:去依恋于身边的有力人物,来让自己感觉生命是有意义的,自己是真的活着的。我逐渐了解到,他们的障碍是起源地关联于这样的事实:他们的双亲从很早期就经常并巨细靡遗地把对孩子的思考、渴望与感觉的神入的领悟跟孩子沟通。就我所能判断——在其中一些例子里,我有足够的理由相信这样的结论——这些双亲一般都不是冷漠或拒绝的。换句话说,他们并未借着本质上敌意的诠释来遮掩对孩子的潜在拒绝。这些重复的诠释并未让孩子感到被拒绝。他们也没有给孩子被过度回应的感觉。双亲行为的致病原因在于他们参与了孩子的生命;他们声称(多半是正确的),关于孩子的思想、渴望与感觉,他们比孩子自己本身知道得更多。这样就干扰了孩子自体的巩固;而且孩子变得神秘而防御,不让自己被父母的领悟所穿透。无论如何,此处的关键问题如下所述。在之前的分析里,分析师将他们表露自己的强烈不情愿与无法让自己进入自由联想,不是视为建立治疗联盟的非移情(non-transference)障碍,就是视为对抗乱伦力比多欲望出现的移情阻抗,或是视为客体本能的负向移情的展现——作为挫伤(打败)敌对的双亲的方式。对上述第一个看法,分析师的反应似乎是借着——以或多或少的巧妙方式——给病人施加一定程度的道德压力,告诫他们要投入分析的任务。而对于

---

④ 此处提出的个案不只是来自分析师孩子,还有其他在精神分析方面有教养的双亲(psychoanalytically sophisticated parents),例如心理师、社工员、精神科医师等的小孩。

第二个与第三个看法，分析师尝试以他们认为适当的诠释来处理这个问题。

这些个案最终达到的确信是认为他们前任的分析师犯了错误，可能会有人轻易地推测说，这只是一种对后来分析师的正向移情的表现。然而，相关联的资料的出现方式却不支持这样的推测。事实上，在很长一段时间里，这些个案并未对我抱怨前任分析师，反而倾向于把他的处理视为理所当然——就像他们从不质疑双亲介入的适当性。当他们还是孩子的时候，这些已经成为一种生活模式；而分析师的压力与/或诠释，就他们所能认知的，同样被接受为适当的。事实上，病人是在可观的阻抗下开始了解的——没有任何来自我的建议，甚至起初让我讶异。正是对自体溶解的深层恐惧促使他们防御和对抗被理解的危险。

在所有例子里，我碰过的前任分析师都是胜任的、有体验的，可以说是这一专业中值得被尊敬的成员。对于我此处聚焦的阻抗的建构面向，他们无疑地都能同调；或无论如何，他们都能认知阻抗是不可避免的，而且必须被尊敬地处理。然而，我认为这些分析师大部分倾向于把这些病人展现的阻抗视为一种自我缺陷的反应；且因为他们在早年的生活中自我曾被过度地剥削而受伤。这样的见解与我所倡导的见解之间有根本而关键的差异。缺陷的自我的概念（其界限未被稳固地建立）促使分析师采取谨慎的态度（为了保护尚存的自我界限），接着采用教育的取向［对于自我与客体之间的关系，尝试建立认知的掌握（cf. Federn, 1947）］。

换句话说，自我缺陷的概念必然导致教育而非分析的取向——无论这种教育取向有多少精神分析的知识。鉴于心理装置本身不是被分析者的体验内容，分析师把其疾病原因概念化为自我的缺陷只能教导病人认知其缺陷的精神装置的功能异常。然后个案只能透过有意识的努力，尝试对抗若干既存的病理倾向（像是倾向于相信别人知道他的想法），借着相对的力量的辛苦活化（借着强调自己意识上的知识，认为别人不知道他的想法）。

在另一方面，一种特定的自体精神病理的概念导致了精神分析而非教育的取向。它促成致病特征的体验内容浮现，尤其是古老的精神集合体的要求的再体验。这些要求曾因为被自体—客体不神入地忽略而隐藏起来，而这集合体在移情中被允许再体验。事实上，这就是分析过程的最核心部分。自体病理的概念在这些案例里，让我们认识到病人对于被分析穿透的阻抗是健康的力量。它保存了刚开始萌芽的核心自体，虽然有双亲扭曲的神入。它也让我们认知核心自体逐渐地再活化。也就是说，分析师目睹被分析者的古老确信复苏——他自体的伟大。这种确信在早年一直没有得到回应，以致不能得到逐渐的修正而整合入其他的人格。而最后，它让我们认知被动员的修通过程，其中某种（或数种）自体—客体移情关联于再活化的核心自体的主张。在大部分的例子中，修通过程开始于镜像与融合的古老需要的动员；随着修通的进行，病人古老的夸大意念以及与全能客体融合的渴望，逐渐转型为健康的自尊与对理想的健全投入。

我毫不怀疑，这些我们研究中个案的中心精神病理，关联于自体的不完全统整（或其他自体病理的形式）。正是这个中心障碍，形成了自体—客体移情的核心〔"狭义的镜像移情"（见Kohut，1971，pp. 115~125）〕，并在精神分析的情境里自然地发展。在前语言阶段（preverbal stage），双亲对婴孩的心智内容（婴孩的需要与渴望）具有接近完美的同调，确实是婴孩初生的自体形成所不可或缺的。但这些病人的双亲在后来的语言发展阶段，仍持续借着选择性的神入感知来介入孩子的心智。以上无疑证明，这些双亲对孩子成熟的需要（也就是孩子整个自体的需求）不能同调，即使他们对孩子的某些心理细节的神入了解经常是精确的⑤。孩子的自体发展——其清楚的轮廓——就这样被中断。孩子所需要的，不是关于其心智的特定意念或情感内容且会导向分裂的诠释，而是这样的诠释：对于能提升其整个自体统整回应的持续需求，促成更多的觉察——这就是儿童期对这类回应的需求（在儿童期因为被挫而加强）重新在自体—客体移情中活化；这就是需要被诠释的需求。分析师不应该为了治疗的进展（就如个案开始在回顾中了解的，为了提升父母和分析师的自尊）而拒绝这种不想自我坦露的阻抗，且视之为不佳的态度而要尽快地加以克服；而该不带责备地把它诠释为一种重要的保护层，以防御诠释所带来的穿透——这个保护层被病人用来保护他自体中一个小而统整的部分。正是这个勉强维持的、秘密保护的、自体中相对完整的部分，而非乱伦禁忌的驱力—欲望，其存在被分析师的诠释所指明，而在自体—客体移情中重新活化。缓慢地且在强大的阻抗下，它的展示让分析师看到：想要通过被赞美与被肯定来获得实在的感觉；然后，次发地，渴望完成受挫的发展阶段，并让自己进入修通的过程（恰到好处的挫折），以整合入其成熟人格。

从W先生的分析开始谈起

现在我们转向另一系列更详细的例证，以支持我们把焦点扩展的主张——放弃对冲突心理学与心智的结构模式的完全依赖——纳入自体心理学的概念架构，将使我们以新的眼光来审视某些案例中的心理资料，并增加我们活化与维持有益的修通过程的能力，尤其是个案的自恋性障碍领域。

---

⑤ 这些双亲对孩子的扭曲神入，隐约地类似妄想者对来自其他人的敌意所拥有的正确但扭曲的感知（cf. Freud, 1922, pp. 223~232）。这两个例子都是见树不见林。我在其他地方（1971，p. 121）曾经评论分析师类似的神入扭曲，他的诠释针对一个单独的心理机制——例如针对一种防御，或被分析者的其他官能症的细节；而当时病人寻求的是对他整个自体的完整回应——关联于生活中的某个重要事件，像是一项新成就。

W先生⑥是快三十岁的单身男性，已经试过很多不同的工作，近几年的记者工作倒颇为成功。他过去曾有过心理分析，但现在想要再被分析。他说他第一次的分析（约结束于三年前），对于减少广泛的不安感有一些帮助。然而，他感觉真正改善他情况的，主要不是前次治疗所提供的领悟，而是他前任分析师———一位可预测的、投入的且和善的老人——的稳定影响力。

　　虽然他要求再分析时，所说的抱怨非常模糊——他对自己的生活普遍的不满意，并常感觉到不安与普遍的"神经质"。基于对他分析的过程所逐渐得到的领悟，事后看来，我可以说：让他痛苦的内在不确定与无目标感，弥漫于他生活的各个部分，这就是广泛的自体障碍的特征。更特定的抱怨是反复发生的不安感与神经质，可以被视为自体—统整脆弱的阵发性恶化。整个来说，W先生的心理障碍最有特色的表现是反复的易怒、疑病与混乱的症候群。

　　有关W先生周期性增加的不安感，我们根据分析而了解其意义——尤其是关系到与分析师的分离的影响。这些反应毫无疑问地总是一再发生于前次分析的之前、之中与之后；都应对于让他感到被抛弃的事件。无论如何，在再分析的一开始，以及在此次分析的第一年的大部分时间中，对于和分析师实际或即将发生的分离，病人完全没有觉察到任何情绪反应。而且我们可以确定地说，不论在之前的分析或分析之外的生活，他过去从未觉察到这种反应。然而，慢慢地我们可以建构说，他确实强烈地被这类体验影响；而且其心理反应的特征意义也逐渐可被了解。

　　最初的线索是病人所做的梦，发生在第一年分析接近尾声时。当时就在分析师将要请假一个星期的几天前，个案偶然地知道分析师要

---

⑥　这个个案被我一位有体验的同事治疗。我的同事在这个分析的前三年，经常性（一周一次）并有规则地让我督导。之后四年直至结束，他仍然持续接受我的督导，虽然以较低的频率。

去纽约。在梦中,病人坐在从芝加哥飞往纽约的飞机上。如他所提,他坐在飞机的左侧且靠窗口的位置,朝南方观望着。分析师指出了他描述的梦的不一致:从芝加哥到纽约,他在飞机的左侧看的应该是北方,而不是南方。病人变得完全混乱且丧失空间方向感——在一小段的时间里,严重到完全不能分辨左右的程度。(此处我要说明,病人的这类困扰的空间方向感丧失,并非总是像这次一般的无害。在分析的第二年中,在等待与分析师的分离时,他再一次让自己身处很大的危险中——他快速行驶在高速公路上时转了错误的弯道;要强调的是,之前他在此处数百次的转弯都正确。)这个梦所揭露的空间方向感丧失,让他联想到成年与童年后期的重复性意外事件(之前他从未谈过——这些记忆明显地未被压抑):当他处在陌生的地方而丧失空间方向感——很害怕地感觉他再也回不到熟悉的生活环境了。

W先生的梦的分析,首次开启了一个重要管道,通往其人格障碍的核心的起源—动力的了解。当他三岁半的时候,他的双亲被迫离开这个唯一的孩子,且为时超过一年。当时病人只认识芝加哥这个大城市的环境;但在这段期间里,他跟着妈妈的远房亲戚,一群不熟悉的人,一起住在南伊利诺伊州的农庄。他们似乎是正直的人们,能照顾他生理的需要,但对其他需求就很少注意。他有一整年的时间没见过父亲,而和母亲也只有几次短暂的见面。随着分析的进行,他在移情中因为分离反应而表现的每一种主要症状,都让他回想起那段决定命运的早年生活中重要的前驱体验。

在分离之前,以及在分析的早期,他对情感上类似分离的情况或事件的体验的反应——尤其当分析师(占着农庄寄养家庭的情感位置)看起来疏远而不神入[7]——W先生会用他正在体验的各种生理感觉

---

[7] 沃尔夫(Ernest Wolf)在《支离破碎的自体》(*The Disconnected Self*,1976,未出版)中把这样的意外称为"自体—客体的功能性缺席"。

的焦虑描述，以及他相信他正在发展中的疾病叙述来塞满整个会谈。在他的关注之中，最显著的就是他对眼睛（他认为无法适当地聚焦）与痔疮的担心。在分析的早期，面对这种情况，他找过眼科医师与直肠科医师做治疗，甚至考虑要进行外科手术。他从未真的接受手术，但他努力借着专家的意见除去他的强迫性怀疑。随着分析的进行，病人逐渐地能觉察他的疑病焦虑与治疗师将要离开的心理影响之间的关系。他开始回想起儿童期关键的心理状态——那是现在状态的前驱物。

当W先生受苦于自体—客体分析师的丧失，他就被剥夺了自恋型移情的心理水泥，而这移情维持着他自体的统整。结果，他感到被可怕的感知所威胁：他身体的不同部分开始孤立起来，且被体验为奇怪的与外来的；还有作为空间中的一个单元、时间中的一连续体，以及行为的发动与印象的接收的中心等确定感的丧失。

这些发作时症状的选择，不是像转化型歇斯底里症的身体症状那样由特定的潜意识渴望幻想所决定；而是之前存在的身体小缺陷——当其自体不被威胁时病人很少去注意它们——当自体开始分裂时就成为他注意力的焦点。这些例子的根本精神病理不是被加强的、特定的性与攻击的幻想以身体的形式表现；而是缺乏镜像的自体—客体时，身体—自体的统整减少所致。当自体碎裂的体验增加时，同一时间中完整自体的体验减少——这个痛苦的过程伴随着广泛焦虑的情绪。虽然身体症状不会表达任何特定的、可被言说或诠释的意义，但症状的选择不全然是随机的：若干身体的部分变成退化发展的载体——从个案对缺席的自体—客体的渴望到自体碎裂的状态，然后特别地让这些身体部分成为疑病焦虑的结晶点。例如，在儿童期的前驱阶段且刚开始发生疑病的时候，仍然统整的自体可能过渡地体验到这种幻想：渴望借着眼睛与肛门纳入缺席的自体—客体。但关键点在于，要理解眼睛与肛门很快就会停止作为仍然统整的自体的执行器官；而自体正渴望看到丧失的自体─客体，或想要丧失的自体─客体对肛门区的服务。而当自体破裂为碎片之后，体验到自身碎裂的自体的残余部分已经没有其他剩下的能力——像它尝试重建它自己时能惊慌地寻求帮助；它只是把它的焦虑与抱怨依附在这个或那个身体碎片之上。

我们现在来研究W先生若干基本心理功能的破坏（与暂时丧失）：他在空间中的定向感、分辨左右、精确地思考与清楚地表达等能力。我们要如何解释这些发生在临床情境之中与之外的功能异常，以及如何解释当这些根本的致病焦点在人格中建立时，发生在病人儿童关键期的功能异常？以社会心理学的巨观角度来看，我们可以说，临床情境中这些缺陷的产生是因为病人被剥夺了与照顾者（分析师）的共生关系，而分析师此刻的功能是作为辅助的人格。而同样的推论可以运用在他的成人生活里，会对他造成类似剥夺的其他情境，以及牵涉当他四岁时，有一段时间被剥夺双亲的体验——而当时他们仍为他执行若干心理功能。无论如何，以深度心理学观察者的神入角度来观察移情的细节，可以让我们增加一个新而关键的面向，来解释病人的行为。仔细观察自体─客体移情中所发生的退化，显示疑病状态总是发生在定向感丧失与混乱的倾向之前；对于身体─自体的碎片的疑病担心，必须达到一定的强度之后，病人才会变得容易丧失空间定向感，并体验到言语表达的困难。自体的碎裂发生在自我功能的破坏之前。而同样的顺序似乎也曾发生在病人的童年：当时所发生的特定心理功能的丧失，之前也需要前行的步骤——自体的碎裂。这些缺陷不是分离的直接结果，而是自体暂时而部分地碎裂间接导致的。就像移情中所发生的，先是自体─客体的缺席，然后是（身体─心智）自体的碎裂（以疑病的形式以及稍后要讨论的其他症状），最后则是前述的特定心理功能的破坏。这个因果关系的顺序与下列的信念一致：在自体─统整与人格中恰到好处的生产力及创造力之间，存在着相互支持的关系。而这样的信念被下列的现象所确立，尽管以病理的及扭曲的形式：一些病人当面临严重的自体—碎裂时，借着暂时且狂热地增加各种心理与生理活动的尝试，来防止自体的全面崩溃。

正是在尝试了解病人对自己与其存在的荒凉展望，且当分析师不在的情境脉络下——他的心情没有明显变化（他没有抑郁），但他的生活似乎匮乏了，他的心智不再有创造力，而他的追求活动也没有热情⑧——他开始提及自己前半夜躺在床上数小时还是清醒的情况；而这种情况在分析师不在的时候更为严重。正是在评估其整体情形的变化的情境脉络下，他对其疑病的专注与对其失眠的更多理解汇集起来让他回忆起过去：当他在乡下孤单而无法入睡时，是因为他模糊地感觉到威胁——处在他体验为无支持感的（不神入的）与有害的环境里。

毫无疑问，在缺乏神入的环境中，男孩会感到身体—自体开始碎裂的威胁，而不能放掉意识的控制（不能入睡）；因为他恐惧如果他意识不再清醒，他的身体—心智自体将会破裂，且再也不能修复⑨。在这样的时间里，他会玩一种幻想游戏达几个小时。这是其中一种对抗的方法，用来减轻他的碎裂恐惧。当他清醒地躺着时，他想象在自己的身体上作长程的旅程。从鼻子出发，他想象自己漫步在身体上的景观，直到脚趾。然后再回来肚脐、肩膀、耳朵，等等，以此来安抚自己使得他的身体不至于分开⑩。他从一部分的身体旅行到另一个部分，安抚自己所有的部分都还在，而且检查身体的自体仍然将这些部分维持在一起。疑病就是重复这些早年的体验：借着详细地谈论他的肛门与他的眼睛，他不只是表达自己肛门的与视觉的摄入

---

⑧ 虽然当W先生进入再分析时，起初的一个抱怨是对生活的看法是平淡的。但这个先前弥漫的障碍在新的移情形成后，很快就显著地撤回。

⑨ 相当多的观察说服了我：对自体—统整的永远丧失的恐惧，是很多严重入睡困难的个案的主因。

⑩ 参见科胡特对"小猪"（little-piggy）游戏的诠释（Kohut, 1971, pp. 118~119）。

（incorporation）需求，也是表达一种忧虑：身体的某些部分，开始被体验为不是自体的一部分。而他也努力于维持对身体—自体的整体性的控制，借着集中注意力于那些变得奇怪的部分。

虽然在农庄的体验具有决定性的重要性，但我们还是可以提出疑问，是否是这段体验造成W先生终身的自体—统整障碍，而不是更早期体验的影响——这些体验在分析里未被直接地回忆起。我心中所想到的是，在决定性的分离发生之前的岁月里，母亲的人格对于孩子的影响。母亲可以让小男孩离开这么久的一段时间，单单这个事实可以被当作母亲的母性情感平淡的指标；而且她探望的行为——她明显的突然来到与离开——可以用类似的方式加以理解。然而，我不会太相信这些基于病人对儿童期的直接回忆所得的重构（reconstructions）的可信度，甚至是从移情体验所获得的证据——在某些融合—镜像移情时期，当分析师被体验为不回应的、不可预期的，以及没有人性的、铁石心肠的——都只是建议性的，而非结论的。然而，当分析进行的期间，母亲探望病人的行为，以及病人观察并告诉分析师有关她对孩子们行为的不一致，才能对她的人格有较可靠的评估。分析师的最后结论是：虽然她的态度是一种负责任的照顾、尽到义务，但她不能以带有安抚的情感来与孩子联结。作为一个女人，她对自己有很深的不安——尤其对她自己的身体——也对自己照顾其他人，特别是孩子，很不放心而且笨拙——因此也不能提供给小孩所需要的那种情绪支持，而这是用来建立其自体—接纳与安全感的核心；而一个具有自体—接纳与自由的母性情感的母亲，就能提供这种情绪支持给她的孩子。

就像之前说的，他对身体缺陷的担心与对医生帮助的请求是儿童期焦虑的成年翻版，以及对丧失的自体—客体所给予注意的需求。无论如何，他的幻想游戏中所演出的治疗尝试，在成人生活中却没有直接的翻版。就分析师与病人所理解的，唯一和童年的身体—游戏隐微相关的成人行为，是当他感到被成人生活的自体—客体所抛弃时，习惯于投入没有乐趣的性活动，以及变得对春宫图有强迫性的兴趣。这些活动的意义似乎在于，他尝试以性欲的方式刺激自己，以重新获得他身体—自体是活的、实在的的感觉。我在此多说一点，虽然可能是多此一举：在很多例子里，离开父母的人的性活动，主要的原因不是超我的影响力暂时减低；而是像W先生的情形：尝试刺激自己并促使寂寞的、被威胁的自体再活化起来。

W先生对于与分析师分离的第二个反应症状是严重的易怒。例如，他倾向于和比较陌生的人——在餐厅时、在开车时、与邻居一起时——卷入生气的争执与粗俗的质问。起初分析师推测其易怒（事实上W先生真的引发一些激烈的言语争执与质问）是因为攻击性的浪潮（特定地指向分析师的死亡欲望）；但经过这些时间对他若干心理状态特征的观察与对他行为的详细考察，所得到的结论——简短地说——就是，他的心情与他的反应（不管在移情中还是在情感上类似的情境里，当他在儿童期曾被双亲暂时地抛弃时）是一种创伤状态的表现。这种心理情况，常见于自恋型人格障碍病人的分析过程；他认为自己是没有支持的、过度负担的，而且感到情感力量被过度剥削。这类反应中的两种事实上是相当典型的心理过度负担的情形；而这是创伤状态的本质。（在他分析的后期，W先生开始认知到，这类反应是即将到来的创伤状态的信号。）这类行为表现的第一种是病人对强烈的感觉刺激过度反应（尤其是他对于噪音、气味与强光，会以严重的易怒与生气来反应）；第二种是他变得嘲讽的倾向——沉溺于尖酸的玩笑与惹人厌的俏皮话[⑪]。W先生在临床情境之外的创伤状态，最显著的行为表现就是他的易怒——他容易卷入争执的倾向。

---

⑪ 对于创伤状态的心理学的讨论，请见科胡特的论著（Kohut，1971，pp. 229~238），特别是关于哈姆雷特的创伤状态的诠释（包括他使用嘲讽的俏皮话的倾向）（pp. 235~237）。

W先生心理上过度负担的状态——他处理环境中侵入的刺激与应对一般复杂性的外在问题，其心理装置的失能——是因为这样的事实：由于自体—客体的失落，他不再被强大的中心自体的体验所支撑。他的攻击并非（潜意识地或前意识地）指向一特定客体，而是不分青红皂白地对整个环境的鞭笞倾向的表现；这个环境已经变得奇怪而非支持性的（非神入的），因此他把其体验为一种非人的潜在攻击者。在这种情况下所出现的碎裂产物中，不只是一般的攻击性，而是关联于特定的性欲区的攻击性。换句话说，他的攻击被表现在不同的驱力层级。肛门期攻击[例如在社交情境中膨胀（flatulate）的冲动]通常是显著的；而口腔期与阳具期的攻击（前者是透过撕咬的言语攻击，而后者是挑衅的暴露表现癖，例如，对于惹到他的一切表现出"fuck-you"的标记）也经常是清楚的。因为他碎裂中的自体，不再像过去作为其活动的组织中心而有效地发挥功能，无法适当地提供给他有效功能所需的综合（synthesis）。病人基于两点理由被严重压迫：当他面对着不熟悉的环境再活化其关键的童年体验时，环境对他而言并非神入地同调且因而引发焦虑；他处理其环境的能力被大幅降低——他通常运用的心理机制已经变得崩溃。病人面对其环境的不安全感被进一步减少，因为他仍能召集的情绪力量如今从处理环境的任务中移转开来，而必须被投入维系自体统整的任务中。因而外在的要求对他的能量来说，是一种不受欢迎的输出；而他对这些要求的反应，就是把它们当作有害的侵入，不论它们的内容为何。

除了易怒之外，W先生在这些分离的时候，表现出强迫症的特征。在分析的一开始，当分析师首度在W先生的意念与行为中对强迫症特征的出现与增加变得熟悉时，分析师以客体—本能的术语来综合论述一个暂时的解释。他认为当病人被迫面对分析师的离开，病人变得对他生气且想要他死掉；但为了要保全分析师的生命，他尝试将其怒气移转至其他人，并借着发展出强迫症状来建立防御，以对抗他潜意识地归因其死亡欲望所产生的神奇力量。但是——类似于其易怒的动力学本质——当W先生面对与分析师分离，其意念与行为中所出现的强迫症特征，并非用来阻止客体—本能的攻击浪潮的防御的心理运作的展现；也不是一种反神奇力量的展现：病人对于不忠实的爱之客体（love-object），也就是分析师，所产生的想要动员起来对抗潜意识死亡欲望的神奇力量。

一个假强迫症状的意义，在一次分析晤谈的过程中很偶然地被发现；而这次分析是发生在分析师第一次见识到W先生空间定向感丧失之后的几个月。前一次分析似乎特别缺乏内容，而分析师承认他已经厌倦，且很自然地假定病人正在对分析罢工，或者是——一种在分析情境之内与之外常见的处理抛弃创伤的模式——他在结束营业时间前就把店关起来。事实上，这又是一次发生在分析中断前不久的晤谈，而一些重要工作在前几次分析晤谈中已经被完成；因此病人似乎不愿意处理新的、情绪上负担的分析任务，这是不足为奇的。然而，他的思考采用了我之前说过的强迫性特色；而且虽然他先前已经获得关于其疑病意义的领悟，且在最近几次晤谈中其领悟被再度确立，他仍然重复思索其身体健康。确实，他的忧虑与担心不像分析的第一年中所表现的那般强烈。无论如何，当分析师倾听他对似乎无关的细节不断地喃喃而语时，分析师假定即将来到的分析中断的情绪冲击与／或在某些困难分析工作之后对中间休息的需要，解释了目前的停滞。

正是在这次平淡的分析过程中，W先生开始谈到在他的一个裤子口袋中，保留了数种物件。分析师（刚好在他见了W先生不久之后，他就来找我督导）对于他自身的反应，给了我相当鲜明的描述。他带着厌倦的放弃之情，倾听病人的叙述，就好像他在过去，在同样的情况下所做的——他被类似的叙述所苦恼；然而，他对这些都几乎没有注意，且无论如何他都很快地将这些从心里抹除。而今天他再度想说，他只是又见识到另一次中断之前与／或进步之后的阻抗的展现。

然后他下结论说，病人对他口袋中不同物件的详细计数与每当他感到压力时其思考所表现的普遍化强迫性特征相当一致。当我倾听分析师的报告时，我回忆并思考这样的问题：病人专注的位置如此接近生殖器，是否可能正标志着阉割焦虑的存在，或者是否可以说"每一件东西都还在"是一种对抗阉割焦虑的防御？所以我问分析师说，病人的行为或音调是否暗示着某种潜在焦虑的存在。分析师说他并不认为如此，且在进一步的反思之后又说，相反地，当病人说出其口袋中物品的清单后，他被病人声音的平稳冷静所震惊，他也惊讶于病人提供细节的完整明细及确定（硬币的确实数目、一张揉烂的笔记纸、一个他保存的小羊毛球，等等），与W先生那时一般的情绪状态的特征——无用、匆忙、躁动与不安全——恰恰成为强烈且明显的对比。

我还记得，在关于W先生的行为叙述之后，有一段时间分析师与我都陷入静默的沉思之中。有点儿不可思议，虽然我对病人行为的特定意义毫不了解，但我的心里浮现了一种印象：我们并非正见识着病人对分析师的负向行为的表现，而是病人的叙述表达出正向的态度。就分析师的报告来判断，对我而言，病人说到其口袋的内容物时，就像一个孩子平静且缓和地对一个成人谈到他所知道的某件事情一样单纯，而此成人会乐意地接纳。我跟分析师沟通我的印象，而他说自己不能再提供任何资料以助于厘清病人的症状。然而，他倾向于相信我可能已经指向有意义的议题。幸运地，病人在下一次分析时，以几乎未修饰的方式持续其行为；而分析师如今所倾听的，不再是好像烦人的叽里呱啦，而或许是潜在的重要讯息。的确，在一段时间后，他觉得该告诉病人：对他而言，他听到一个孩子对成人的骄傲报告——就好像在前一次的督导中所综合论述地一般。分析师所得的回馈是病人提供的令人惊讶的领悟，以及某些重要记忆的回忆。简短地说，W先生专注的心理意义是，在一个已经变得不安全、不可预测、不熟悉的世界中——就好像他碎裂的自体一样碎裂——他在一个封闭的空间中寻求庇护；而这个空间能被他的心智完全掌握，因为他知道有关它的每一件事，且其中的每一件事物都是熟悉且在控制之中的。而与前述移情的领悟相关联的是一些童年的记忆开始出现。这是关于他第一次到农庄的时候的情形，当时没有人曾注意到他；而且当每一个人都在田里工作时，他经常是孤独的。就是在这样的时候，当时他不被支持的儿童期自体开始感到恐惧、陌生，且开始碎裂。他用自己的所有物围绕着自己——坐在地板上、注视着它们、检查它们都还在：包括他的玩具与衣物。而且在那个时候，他有过一个特别的、装着自己物品的抽屉。当他夜晚无法入睡时，他常常想到这个抽屉来安抚自己。他对这个抽屉的内容物的专注，很可能是他对其裤子口袋的内容物的专注的前驱物。

我们要如何确定，我们对W先生的分析观察资料的解释是正确的？对于相同的资料，我们可不可能有不同的理解方式，例如以俄狄浦斯期精神病理的角度来看？分析师在逼近真理的奋斗道路上，什么是他可能避免的错误？

所有的分析师当然都知道，由于来自所学的（或其他途径所获得的）理论看法的基质所产生的预期，可能有歪曲其神入感知的危险。但我们也知道有一种态度，当它已经变成我们的临床立足点的整体的一部分可以提供给我们重要保护以对抗因为对既定的思考模式的投入而产生的错误：我们不要被"啊哈体验"（Aha-experience）的直觉知识的舒服的确定感所主宰的决心，而要保持我们的心智开放，并持续我们神入的尝试（trial empathy）以尽可能多地收集想法。尽管神入是科学的分析师最伟大的朋友，而直觉可能有时候是他最大的敌人之一——因此我们可以说，分析师当然不必放弃其自发性，但他应该学习不要信赖带着毫无疑问的确定而突然浮现在心里的解释。

虽然分析师都知道有很多因素可能导致病人情形的改善，因此他们很不愿意引用"治愈"作为其解释论述的正确性的证据。但我可以说，病人从治疗中获得帮助，以支持我们在W先生的分析中所追求的理解与治疗策略的正确性。的确，不管是症状的消失，甚或是行为模式从不适应到适应的广泛改变，都无法构成证据以证明分析中所获得的领悟的正确性；也无法证明被分析者的人格结构的评估是精确的。但症状的逐渐消失与行为模式的逐渐改变，确实与增加的领悟同步地指示着其领悟的适切性与正确性。W先生变成一个组织更稳固的人：他变得更会思考与审慎，且较少基于冲动与预感而匆忙地行动。举一个例证：在财物交易方面，他倾向于匆忙行动。虽然他有很长的一段时间偶尔投资高风险的股票，但这些投资冲动的起起伏伏可以在分析中被研究。从事有风险的股票市场交易的冲动增加，总是发生在当他感觉与自体—客体（例如分析师）的关系被剥夺时。这些摆荡若以自体心理学作为起源的解释，就是说每当他丧失自体—客体时，他的自体在时间轴上的连续性体验就被威胁；就好像当他被剥夺其双亲的存在时，以及暴露在其母亲的不可预测的探访时。儿童期自体的连续性体验，以及正常展开的时间的根本体验都被瓦解，借着高风险股票的赌博，他防御性地肯定自己对未来的神奇控制——每当他感觉体验自己作为时间中的连续体及作为拥有未来的自体的能力溜走了时。对于自体—客体丧失的瓦解性冲击与他对未来的全能控制的防御的肯定之间的关联的理解增加会导致对后者需求的减少。（准确地说，不只是投入危险的行动倾向减少了——他对可能投入这类行动的可能性的强迫性思考也降低了，使他的心智得以自由地投入创造的追求。）

然后，W先生的疑病专注在分析的过程中，也几乎完全消失。我愿意再度强调的事实是，一种重要且恼人的症状并非终于被消除，而是它逐渐地撤回、让步与获得这样的领悟同步发生：关于移情与童年之中的自体—客体的丧失的意义。

第四章　双极的自体

理论的思考

我相信我已经成功地证明（见第二章）这样的假说的适切与解释效力，即孩子体验世界里的原发心理构造并非驱力，驱力体验的发生是因为自体未被支持而崩溃的产物。在本章里对两个基本心理功能的崩溃进行检视——面对镜像的自体—客体的健康的自体—肯定，对理想化的自体—客体的健康的钦佩——将具有教育意义。在正常而合适的情况下，这两种功能的存在，标志着独立的自体开始从镜像的与理想化的自体—客体基质中升起。当孩子自体—肯定的存在不被镜像的自体—客体回应，他健康的表现癖——体验上宽阔的心理构造，即使明显地包括单一的身体部分或单一的心智功能，以作为整个自体的代表——将会被放弃；而关于夸大的单一象征（尿柱、粪便、阳具）的孤立而性欲化的暴露表现癖沉溺，将会成为主宰。同样地，当孩子寻找理想化的、全能的自体—客体并想要和其力量融合时，如果没有成功，不论是因为自体—客体的脆弱，还是因为自体—客体拒绝让孩子和其伟大力量融合；那么孩子健康而快乐的、瞠目结舌的钦佩（admiration）将会再度中止，他宽阔的心理构造将会崩溃，而沉溺于对成人力量的单独象征（阴茎、乳房）的孤立且性欲化的偷窥癖。最后，临床上暴露表现癖或偷窥癖[1]等性变态表现的发生，可能是因为两种宽阔的心理构造的崩溃：面对镜像的自体—客体的健康的肯定与对理想化的自体—客体的健康的钦佩——自体—客体对这两种构造持续地、创伤地、阶段不恰当地没有给予回应。性变态，也就是原来的健康构造的性欲化复制品，仍包含着夸大自体的碎片（个人自己身体的部分的暴露表现癖）与理想化客体的碎片（对于他人身体的部分的偷窥兴趣）。性变态应该被理解为原来的自体—客体集合体的某一面向的遗迹：它在一种案例中是过渡的主体导向（自体—客体），另一种案例中则是过渡的客体导向（自体—客体）。然而，对于这两种临床表现的任何一种，最深入的分析不是导向以驱力做成的基石，而是导向自恋伤害与抑郁。

我们已经说明了镜像的自体—客体的回应与全能的自体—客体的理想化必然不能在驱力心理学的架构下加以理解；目前，透过聚焦于自体病理[2]病人的精神分析中所发生的两个过程，我们对自体在儿

---

[1] 我曾被告知一些温和的批评——关于过去我确实曾一时坚持弗洛伊德对"自恋力比多"与"客体力比多"的区分（例如见E.Freud，1923b，p. 257，与Kohut，1971，p. 39n）以及关于我曾一段时间使用"自恋移情"（而非我现在引入的术语"自体—客体移情"）；所以我应该停用像"暴露表现癖""偷窥癖"这样的字词，来避免在自体心理学架构下，使用古典精神分析术语所必然造成的混淆。但我认为保留古典的术语有一些重要的原因。第一，我相信我们应该尽力确保精神分析的连续性，因此应该尽可能保留既有的术语，尽管它们的意义可能逐渐改变。第二，既有新、旧术语意义间的直接对照，容许我们也迫使我们对感到有责任引入的新定义与新综合论述，尽量将之说清楚。第三，最要紧的是，旧有术语源起的古典的发现，与我们现在临床上的发现，二者的本质之间确实存在重要的关联。

[2] 精神分析师对于病人的儿童期及其一般儿童期心理学的推论，所运用的传统方法是根据弗洛伊德的假说，认为临床移情的根本就是儿童期体验的重复。换言之，古典起源学的重建，关心的是孩子的精神生活的体验内容。相反地，我在本书中引用的方法并非聚焦于体验的内容，而是在于特定的心理结构（自体）被奠定的方式。我们在困扰于自恋型人格障碍病人的分析时，观察到曾在儿童期被阻碍的结构—建立的尝试再度活化（以自体—客体移情的形式）。关于结构—建立的特定形式，透过转变内化作用而发生于儿童期，我们这样的结论是基于下列假设：分析中的自体—客体移情，本质上是早年自体及其自体—客体间关系的新版本。

童期的发展有了更多的理解——附带一提，这些过程决定性地促成了分析的良好结果，也就是促成了稳定巩固的、功能上复健的自体的建立。

这些过程首先借着促成最终形成自体的心理结构与将被排除的其他部分分离，造成稳固自体的建立。为了要说明这些过程的运作模式，也为了使我们对其意义的讨论有一个坚实的实证基础，让我们回到M先生的分析的结案阶段。

之前我们问过自己一些关于M先生分析的结论问题：当代偿结构真的达到功能性的复健，也就是当修通过程造成了自体这些结构缺陷的填补后，精神分析的过程是否就真的达到了终点。或者，我们现在为了更准确地定义这个问题，可以反过来自问，是否我们应认为分析不完全与过早结案，因为自体的另一个部分——这个部分因为来自最早的镜像自体—客体的回应不足，并未被充分地巩固——的相关修通过程并未完满，也因此仍未被完全巩固。

从临床的角度来看，我们可以满意于：M先生现在似乎功能良好，他感到以前创造力的缺乏已被克服，而且感觉快乐又有生产力。然而，我再次强调，一个宽阔的心理领域仍然——我们曾预期的沃土，孕育从其核心自体散发出来的表现癖与企图心的最深根源——未被充分探索。在分析工作的过程中，这个领域似乎自发地分裂成两层：较表面的一层（相对于发展的前语言期的后期与语言期的早期）变成修通过程的重要材料；而更深的另一层（相对于前语言期的早期）就撤回了。

这些精神内部过程让人想起那些发生于"狼人"（Wolf Man）中表面类似的情节，当弗洛伊德设定了结案的日期之后，尤其当被分析者逐渐理解分析师对结案的坚持"是玩真的"，之后可能发生什么。弗洛伊德说："在这个确定期限的冷酷压力下，""他的阻抗……让步，而……所有分析产生的材料，让清除他的抑制与移除他的症状成为可能。而让我也能了解其婴儿化官能症的所有资讯，"弗洛伊德接着说，"是得自这最后阶段的分析工作，在此期间，阻抗暂时地消失……"（1918，p. 11）。约二十年后，弗洛伊德延伸这个推论，借着解释分析中设定确切的结案日期，"这个恐吓的设计，"如今他这么称呼它："不能保证完全地达成任务。相反地，"他继续说："我们可以确定的是，虽然部分材料在威胁的压力下变得可以接近，另一部分的材料将被保留并因而被埋葬……"（1937，p. 218）。

第一眼看来，狼人与M先生的精神内部的裂缝可能看来相似。然而，仔细地审视将会发现在若干的面向上，二者的过程本质上是不同的。我可以立刻指出其决定性的差异：具有决定性重要性的是分裂成两层——一层可接近，另一层不可接近——在狼人中，分裂是发生在分析师想要认知地穿透被分析者的心智的压力下，而在M先生中的分裂是自发地发生，不仅没有来自分析师的压力，而且——这个事实的重要性在此刻并不明显，但我相信我们将会了解其重要性——在分析的气氛中，有一点微妙但关键的差异，不同于弗洛伊德所创造的方式（或者可能更精确地说，不同于弗洛伊德在1914年所创造的——在自我心理学的出现之前）。相对于1914年所进行的分析的治疗气氛，M先生的分析的治疗气氛〔见本文中沃尔夫（Wolf，1976）〕，从负面来说，不是弥漫着关于心智的潜意识与意识领域模型的价值系统的绝对首要性；也就是说，此价值系统的首要性在于知道（知道较多）就是"好的"，而不知道（知道较少）就是"坏的"。

但假如弗洛伊德在固定期限内坚持认知上的穿透，使狼人的精神弹性过度负荷并造成其破裂——我相信是"垂直分裂"，与M先生所发生的"水平分裂"相反，是什么造成了M先生有病的夸大自体在修通的过程中分裂成两层？为何其中一层变得活跃从而进入治疗工作，而另一层沉入黑暗之中并保持在视野之外？③这个水平的分裂是否不仅是来自病人这边的健康惯性的结果，也是自体—保卫盾牌的创造物——用以对抗过度激进的精神外科手术所可能给予的攻击，借着开启其最深的抑郁、最严重的嗜睡与最严重的暴怒与不信任等领域，在一心一意要建立完全的心理健康的狂热尝试中，可能危及其心理的存活？

　　这些来自被分析者的前意识或意识的动机，可能参与其中。但这可能并非唯一的原因，甚至可能不是最重要的原因。我的看法有以下的理由。在一次又一次的分析与一次又一次的尝试中，为了决定被分析者自体的起源学根源，我得到的印象是早期的精神发展进行着一个过程，其中一些曾被体验为属于自体的古老心理内容物变成消失或被认定为属于非自体（nonself）的领域，而其他心理内容物则被保留在自体的范围，或被添加于自体之内。这个过程的结果使自体的核心——"核心自体"——得以建立。这个结构是我们感觉作为创造与知觉的独立中心的基础，并整合入我们最中心的企图心与理想，以及我们的身体与心智在空间中自成单位、在时间中为连续体的体验。这个统整而持续的精神构造，关联于一组相关的天分与技能；这些天分与技能吸引它自身，或应对核心自体的企图心与理想的要求而发展，形成人格的最核心部分。而且我已经确信，至少在某种程度内，适当的分析对受苦于自体形成障碍的病人所创造出的一种心理基质，鼓励了原本发展上的倾向再活化。换句话说，个案的核心自体被巩固，其核心自体相关的天分与技能被再活化，而自体的其他面向则被丢弃或撤回。

---

　　③　这样的可能性不能被忽略：未被处理的一层，存活在活跃而有创造力的自体的统整结构外，可能作为自体的刺激而服务，使得自体在其活动中得以冷酷地坚持。我无法用详细的临床资料来支持这样的主张，但事实上创造力经常有强迫的、不能自主的性质，而其缺乏时抑郁就会主宰；这可以用来举证以支持上述的假说。

只有在自恋型人格障碍个案的分析中，通过对系列出现的移情做仔细而神入的观察所得到的更多起源学重建资料，加上对儿童的分析与直接观察所得的资讯，才能让我们能针对这个问题提出可靠的答案：之前对于自体形成过程的描述，本质上是否正确。而且只有借着使用前述研究取向的综合，我们才能获得一些"如何与何时"（how-and-when）的问题的答案，而这些问题尚未有肯定的答案，如：（1）核心自体的成分如何聚集起来，以及它们如何整合来形成特定的能量张力弧（从核心的企图心，透过核心的天分与技能，到达核心的理想目标）而可以持续终生？（2）核心自体的数个成分，何时被获得（例如，核心企图心何时透过中心的夸大—表现癖幻想而被建立，特定的理想化目标的核心结构何时被建立而从此保持不变，等等）？（3）核心自体被奠定的整个系列过程，何时可以说是本质上的开始，何时是结束？

对这些问题或多或少的尝试性解答，有一些可能已经被提出；但如我所说，这些问题必须等待其他的研究者使用外推—重建的方法，以及其他使用不同研究方法论的学者，来加以确定。例如，很有可能的是，企图心与理想化目标二者的痕迹，在较早婴儿期开始被一起获得；核心的夸大欲的大部分在儿童期早期巩固成核心的企图心（或许主要在第二、第三与第四年）；而核心的理想化目标结构的大部分在儿童期后期获得（或许主要在第四、第五与第六年）。更可能的是，自体的较早成分通常主要来自与母性的自体—客体关系（母亲的镜像接受，肯定了核心的夸大欲；母亲的拥抱与提携，容许了与自体—客体的理想化全能的融合体验），而后来获得的成分可能关联于双亲形象的任一方[4]。

---

[4] 弗洛伊德关于人基本上是双性的生物学教义，可以用心理学的术语加以重述：在双极自体的背景下重新评估，双极自体是来自男性与女性的自体—客体。

此外，自体的连续性感觉，我们终其一生是同一个人的感觉——虽然在我们身体与心智上、在我们人格的组成上、在我们生活的环境中有所改变——并非单独来自核心自体成分的不变内容，以及核心自体成分的压力与引导下所开展的活动；还来自核心自体成分间彼此确立的不变的特定关系。

我借着使用启发性的术语，试着表达这个假说。就像空间中分离的两个不同电极，正负极之间存在着"张力斜率"（tension gradient），使得电力弧形成；而电流被认为是从高电位流向低电位，就像自体的情形一样。术语"张力斜率"指的是一种关系——其中自体的成分彼此确立，是个人的自体所具有的特定关系——即使在自体的两极间没有任何特定的活动。张力斜率指示着活动—促进的情形的存在，此情形从一个人的企图心与理想"之间"产生。（参考Kohut，1966，pp. 254~255）。然而，术语"张力弧"指的是实际的心理活动的永恒流动，建立在自体的两极之间，也就是，一个人根本追寻的方向在于"推动"他的企图心以及"引导"他的理想。

如果我们从理论的综合论述回到实际的体验，我们可以这样说，健康的个人从两个来源得到他在时间轴上的个体感与同一感：一个是表面的，另一个是深层的。表面的来源属于一种能力——人类一种重要而卓越的智能——使人能够采取历史的立足点：在他回忆的过去中认出自己，并投射自己于想象的未来。但这样并不足够。很明显，如果我们的永恒不变感的另一个深层来源枯竭的话，那么我们借助《追忆似水年华》（Remembrance of Things Past），将我们自体的碎片再结合的所有努力将会失败。我们大可以问自己，即使是普鲁斯特（Proust），他在这个任务上的努力是否成功。在丧失双亲的自体—客体（尤其是他的母亲）多年以后，他创作上的努力，真的保持了他的统一。然而，他不朽的小说包含了很多他持续碎裂的证据——见证了作者对孤立的体验细节的反复的沉溺，就像是玛德琳蛋糕（madeleine）的味道、文丘伊（Vinteuil）的旋律感觉，也如巴贝克（Balbec）的在火车上所见的挤牛奶女孩的景象；见证了他对于思考过程与身体功能的反复沉溺，以及他对名字，尤其是对地名与这些名字的语源学的沉溺——而这些也是他再巩固的证据⑤。确实，普鲁斯特［以及《追忆似水年华》一书的叙事者——见叙事者丧失并重获生理平衡之后，他经历的神秘体验（Vol. II, pp. 991~992）］所达成的再巩固，依靠的是巨大的移情，从他自己作为生活的与互动的人类，转向他所创造的艺术作品。在《再抓住过往》（The Past Recaptured）中，普鲁斯特的儿时记忆的恢复，组成了一种心理上的成就，显著地不同于婴儿化失忆的填补。而就弗洛伊德的教导，婴儿化失忆的填补是解决结构冲突与治愈神经症的先决条件。普鲁斯特对于过去记忆的恢复，是为治疗自体的不连续而服务的。达成这样的治愈，是强烈的心理劳动的结果——无论是分析情境中自体—客体移情修通的结果，还是在治疗情境之外，艺术的天才所实现的修通的结果。然而，不管是自恋型人格障碍的反复的但只是暂时的自体不连续，还是精神病患对于其过去或未来的自体感的持续的丧失，都会造成患者努力地在他的人生中应用历史的观点。在分析的最后，不论我们如何改变，只有稳固统整的核心自体体验可以让我们确信我们有能力来维持我们持续的认同感。

然而，就如我之前说过的，现实架构给我们时间、改变，与最

---

⑤ 丧失自体—客体对于普鲁斯特的自体的影响，可以从关于叙事者跟艾伯丁（Albertine）的关系得到令人信服的证明：叙事者并不爱她，他需要她，他保留她作为他的囚犯［甚至涉及艾伯丁那一卷的卷名叫作"囚禁者"（"La Prisonnière"）］，并借着教育把她形塑成自己的翻版。当她离开他［见"艾伯丁的离开"（"Albertine Disparue"）那一卷］他不像一般人哀悼爱的客体一样地哀悼她，而是通彻他自体冗长的改变。他的自体崩溃成数个碎片（例如，第二卷，pp. 683~684）而他与其他人融合（见p. 767。也见本书中E先生类似的体验，Kohut, 1971, p. 136）。当他看起来绝望地沉溺于再度拥有艾伯丁时，实际上他是尝试要重建他的自体。

终的无常的限制；而我们在架构中的持续不变感，不是完全地建立在我们基本的企图心与理想终生不变之上——即使这些有时会改变，也不会接着就让我们丧失连续感。最终，不是核心自体的内容，而是自体表现的、创造的、指向未来的张力的不变独特性告诉我们说，我们短暂的个别性也具有超越我们生命疆界的意义。在歌德的《浮士德》（Faust）一书的末尾，当天使带领浮士德不朽的核心从尘世升到天堂时，天使说了一句话："总是努力奋斗的人，就存在着救赎。"（第二部分，11936~11937行）

现在让我再重拾我的理论，并做出总结。根据一些困扰于自体病理的病人的精神分析治疗所做的起源学重建，我得到的假设是，与核心自体的原初（rudiments）的建立同时且连续进行的是心理结构的选择性包含与排除的过程。而且，我主张的观点是，顺着时间轴的持续不变感——健康自体的显著特征——是核心自体的两个主要成分间持续的、行动—促进的张力斜率在早年奠定的结果。如果关于自体形成的这两个假设都正确，那我们接着就可以提出，关于先前碎裂的或错误地建立的自体，精神分析的重建有两大要点：（1）若干功能不佳的结构修通过程的脱离，在某些情况下意味着分析的工作接近完成，有功能的自体已经形成。这不是意味着分析"逃到健康"的未完成——这类的未完成甚至也不是可被现实接受的妥协[⑥]。（2）对于儿童期记忆的恢复，也可以做类似的陈述。原则上，在若干自恋型人格障碍的分析，当自体顺着时间轴的持续不变感已经建立，过去的恢复

---

⑥ 把这里的情况与结构官能症的案例的类似情况做比较，可能有所帮助。我们有时会说，在一特殊的案例中，明智的作法是不要尝试促进未修饰的古老驱力—欲望，如更进一步的移情再活化——再活化可能造成危险的见诸行动，或其他自我—不足的状态——如果分析进行到个案的防御可以可靠地运作，以及达到在非冲突的领域有足够的自我—自律。这样的话，我们在这些案例中结束分析的决定就在现实态度的基础上，"让睡着的狗继续睡"（Freud, 1937），得到了充分的证明。我们绝不需要承认分析原则上是不完全的。

就达到了其目的。自恋性障碍的个案分析中，回忆的目的不是让结构冲突的潜意识部分进入意识，让这些冲突可以在意识中得到解决——从潜意识系统移动到前意识系统，从原发过程前进到次发过程，从享乐原则前进到现实原则，从原我前进到自我——而是要强化自体的统整。普鲁斯特的《追忆似水年华》，尝试提供自体体验上有效的连续性⑦——普鲁斯特艺术地勾画出现代自体心理学尝试对于人所作的科学综合论述。

我们现在转向第二个系列过程。根据我们在治疗情境的观察所做的重建，核心自体是否将在发展的早期稳固地建立由谁决定？核心自体将以什么特定的形式建立？

一旦自体的原初已经经由第一部分的过程而建立——结构的选择性包含与排除的过程——如果真的如此，自体将以什么形式稳固地被建立经常会被第二部分决定性地影响。第二部分的过程对于最终的统整自体的形成有特定的贡献；借着自体中一个成分特别强大的发展，来代偿自体另一个成分的发展障碍。以不同的术语陈述：当孩子迈向自体巩固时，他有两个机会——只有当这两个发展机会都失败时，自体障碍才能达到病态的程度。

概括地说，这两个机会，一方面关联的是孩子统整的、夸大—表现癖的自体的建立（透过他与神入回应的、融合—镜像—赞同的自体—客体的关系）；另一方面关联的是孩子统整的理想化双亲影像（透过他与神入回应的自体—客体双亲的关系，而双亲允许并真的享受孩子对他的理想化，以及与他的融合）。发展上行进的方向——

---

⑦ 历史的编纂（historiography）是为了"群体自体"的需求而服务（Kohut, 1976），这样的事实值得历史学家深思。如果他能清楚地认知这些扭曲的历史倾向来自病态的群体自尊障碍是借着病态的方式为支撑病态的群体自体而服务的产物，他将能够与扭曲的倾向战斗。在群体与个人两种情况下，健康自尊的恢复需要的是健康的夸大自体与健康的理想化客体的再活化——换句话说，这些结构还未被整合入自体的成熟组织中。

尤其对男孩而言——是从作为自体—客体的母亲（主要的功能是对孩子的镜像）转向作为自体—客体的父亲（主要的功能是被孩子理想化）。然而，常见的是——尤其对女孩而言——在奠定核心自体的路途中，孩子对于不同的自体—客体所成功动员的发展需求指向同一位家长。最后，发展上的例外情况有时可能迫使孩子以相反的顺序面对双亲（从镜像的父亲转向理想化的母亲）。从孩子的观点来看，发展的运动（在大多数的例子中）从自体的夸大"被镜像"开始，转到自体与理想的主动融合——从表现癖转到偷窥欲（之前讨论过的，以其广义而言）。也就是说，孩子尝试要建立的核心自体的两个基本成分，似乎有不同的目标。然而，关于最终建立的核心自体，其中一个成分的力量通常可以抵消另一个成分的脆弱。或者以发展的术语表示，第一个中途站所体验的失败，可以被第二个中途站的成功所治疗。简言之，我们可以说，如果母亲不能为孩子建立稳固统整的核心自体，父亲的尝试仍可能成功；如果核心自体的表现癖成分（孩子关联于其企图心范围的自尊）不能变得巩固，那么自体的偷窥欲成分（孩子关联于其理想范围的自尊）仍可能赋予自体耐久的形式与结构。

核心自体双极性的定义，以及关于其起源的大纲不过是种图式（schema）。然而，虽然它是抽象的——或许因为它是抽象的——但它允许精神分析师在临床工作中，观察其实证资料的繁复并做有意义的检视。有了核心自体概念的帮助，我们不但可以了解各种核心自体类型与很多阴影（不论是原发地有企图心的还是有理想的、有魅力的还是弥赛亚的、任务取向的还是享乐主义的），还可以评估自体相对的稳固、脆弱，或易受伤的程度，还可以掌握各种环境因子的意义（再一次，不只是孩子早年生活的重大事件与广泛描绘的因子，而且还有——主要地——双亲的人格与孩子成长的气氛的弥漫性的影响）。上述因子单独地存在或合并其他因子，就说明了核心自体的特定特征，也说明了其稳固、脆弱，或易受伤的程度。

我相信精神分析将从对孩子早年生活的重大事件的专注中脱离。毫无疑问，重大事件——像是手足的出生、疾病与死亡，双亲的疾病与死亡，家庭的分裂，孩子与重要成人的延长的分离，孩子自身严重与延长的疾病等——会在后来的心理疾病的起源学因子网络中扮演重要的角色。但临床的经验告诉我们，在大部分的案例中，双亲特定的致病人格与孩子成长的气氛中特定的致病特征，说明了成人人格中的发展不良、固着与未解决的内在冲突等特征。反过来说，看起来是后天障碍的原因的儿童期重大事件，其实经常只是中介的记忆系统的结晶点；如果更深入追溯，会导向关于障碍起源的真正而根本的领悟。例如，孩子对双亲性行为的观察所引发的冲突，对他性欲的过度刺激似乎很重要；但经常潜藏的是更重要的缺乏，那就是双亲对于孩子的需求缺乏神入的回应，而他的需求是要被镜像与找到理想化的对象⑧。换句话说，正是神入的支撑基质领域的剥夺，而非孩子好奇心

---

⑧ "孩子的需求是要被镜像与找到理想化的对象"，这句话有绝对的意味，而我最好做些修饰。孩子需求的不是来自自体—客体持续而完美的神入回应，也非不切实际的赞美。孩子的健康自体的发展基质的创造，需要的是自体—客体的回应能力，至少有些时候能有适当的镜像。致病的不是自体—客体偶尔的失败，而是自体—客体慢性地缺乏能力做适当的回应；而这是因为自体—客体本身自体领域的精神病理。如我再三指出，对孩子自恋需求的恰到好处的挫折，透过转变内化作用，造成自体的巩固并提供自体信心与基本自尊的储藏，来支撑一个人度过一生。然而，正常成年人的精神内部的自恋资源仍然不完整。显然的例外——一些案例对自体的力量及其价值的正确，有不可撼动的内在确定感——可能是特定形式的严重精神病理的表现。心理健康的成年人，仍然需要自体—客体对其自体的镜像（更精确地说：透过他爱的客体的自体—客体面向），而他也需要他理想化的对象。然而，另一个人被用来作为自体—客体的事实，并不必然意味着不成熟或精神病理——自体—客体关系发生在所有的发展阶段，以及在心理健康与心理疾病的领域。健康与疾病之间的差异，此处被视为是相对的，而且可以借我们对抑郁者的反应来作为例证。抑郁者没有能力回应我们——对于我们的存在及我们为他所做的努力。我们没有能力让他感染一丝的欢乐以为回应。这不可避免地造成我们自身自尊的降低，而且感到自恋的伤害，之后我们的反应就是抑郁与暴怒。

的压力（这不是致病的），透过抑郁与其他形式的自体病理，造成孩子对双亲的性生活过度专注（病态的且致病的）。或者，简短地提一件相关的事：诱惑的双亲不是因为他的诱惑而对孩子原发地有害；而是他不良的神入能力（其中性行为只是一种症状）剥夺了孩子成熟—促进的反应，导致一连串的事件而造成心理的疾病。反过来也可以确定的是，如果孩子成长的家庭，其中年轻且相爱的双亲之间没有健康的性生活，他在人格中可能被永远地剥夺了若干狂热的面向。他的情感可能一辈子都维持枯竭耗尽的状态——不是原发地因为他被禁止，而是因为他从未暴露于弥漫的健康气氛的微妙影响；相反，在那些拥有享受的性生活的年轻双亲的家庭气氛中成长的孩子，其人格就充满活力。我也相信一些早年生活的性创伤（例如男孩的阉割恐惧与他诠释为女人的阉割状态的发现）不是造成若干心理疾病——尤其是自恋型人格障碍——的因果关系的基石；而是那些更深藏的恐惧，对于冷酷的、不神入的、经常潜伏精神病的、心理上无论如何都是扭曲的自体—客体。确实，在魔女美杜莎（Medusa）的头之下，藏的是想象中女人被阉割的生殖器。但在女人的可怕生殖器之后，藏的是母亲冷酷的、不回应的、不镜像的脸（或是篡夺了母亲的自体—客体功能的精神病的父亲）。她不能提供孩子维持生命所需的接纳，因为她或处于抑郁，或潜伏的精神分裂状态，或是人格罹患有某种扭曲。因此，重建致病的双亲人格与童年家庭的致病气氛的特有的特征，以及在这些起源学因子与个案人格的特定的扭曲之间建立动态的关联，经常构成分析的主要治疗任务。

　　各种起源学上的集合体，可以干扰孩子稳固统整的、有活力的自体的发展。或许父亲有严重障碍，而母亲的影响又微弱［就像施瑞伯（Schreber）的案例，见Kohut，1971，pp. 255~256］；或者母亲严重的精神病理合并着理想化的父亲影像创伤性的崩溃（参考A先生的精神病理的讨论，Kohut，1971，pp. 57~73）；或者母亲人格上的严重障碍合并着与两位双亲创伤性的分离（参考对W先生的讨论，见本书118~132页）；或者其他各种可能的因子组合。无论这些有害的情况如何不同，但有一个事实是共同的，那就是孩子在发展的系列事件上，两个机会都被剥夺：一个是镜像的自体—客体失败后，孩子的理想化自体客体也跟着失败；另一个是理想化自体—客体的创伤性失败破坏了孩子暂时界定的自体，之后他尝试返回镜像的自体—客体来寻求治疗的支撑，但又再度失败。

之前的陈述在一个面向上需要扩大。当我们说两个自体—客体的失败、或是这个或另一个的失败时，不要以绝对的意义来看术语"失败"以及"或……或"的隐含的对立。正是自体—客体满足孩子的需求有或多或少的失败——一个自体—客体比起另一个相对的失败，而不是其他的影响因子，决定了孩子自体的最终状态——他是否受到困扰而生病，以及果真如此，达到何种程度。而当我们检视特定性的问题时，这些也是我们必须研究的情况——换句话说，我们面对的问题是，为何一位个案困扰的是某一类型的自体病理而非另一种。

对于最后提到的偶发事件，在此有帮助的是列举并描述不同形式的自体病理，并就我们目前对新的研究领域的知识尽可能地做到精确。

自体病理学的分类

我提议把自体的障碍，更进一步地根据不同的意义分成两种：原发的困扰与次发的（或反应的）困扰。后者是巩固而坚定建立的自体对于人生中无论是童年、青少年、成年或老年的各种体验所引发的急性与慢性的反应。本文对此不拟加以细究。而反射着自体在胜利与挫败的状态的所有情感的领域，是我们此处要讨论的。其中包括自体的次发反应（暴怒、沮丧、希望），而这些反应是由神经症与自体的原发疾患的症状与抑制加诸自体之上的限制而引发的。然而，尽管自尊升高与降低、得意与愉悦、挫折时的沮丧与暴怒，都是人类情况的一部分，且就其本身而言都非病态，但它们只能在自体心理学的架构下被理解——对于这些情感状态的解释，如果忽略了从自体模式散发出来的企图心与目标，将会偏于平淡或不适切。

现在让我们转向分类中的自体的原发困扰。这类自体疾患包括五种精神病理：（1）精神病（psychoses）（自体恒久或持续的崩溃、脆弱，或严重扭曲），（2）边缘型状态（borderline states）（自体恒久或持续的崩溃、脆弱，或严重扭曲，但有或多或少的有效的防御结构来掩盖），（3）分裂样与妄想的人格（schizoid and paranoid personalities）［运用保持距离的两种防御组织（defensive organizations），也就是与他人保持情感上的安全距离——第一种情况是透过情感上的冷漠与情感上的表浅，第二种情况是透过敌意与怀疑——保护个案免于招致自体恒久或持续的崩溃、脆弱，或严重扭曲的危险。这些弥漫性的防御形势，其最深的根源可以追溯到的时间，是当小孩的精神必须防止自身被自体—客体的抑郁、疑病、恐慌等有害穿透之时。（见本书63~64页，关于孩子尝试与安抚的自体—客体融合的致病过程的讨论，自体—客体对于孩子的需求的病态的反应，孩子被自体—客体病态的情感状态所淹没。）］

上述三种形式的精神病理，在原则上是无法分析的。也就是说，虽然个案与治疗师之间的治疗关系（rapport）可以建立，自体有病的（或潜在有病的）的部分不能与分析师的自体—客体影像结合并进入有限度的移情合金（amalgamations），而此移情可以透过诠释与修通来完成。

然而，有两种原发的自体障碍形式，在原则上是可分析的。它们是（4）自恋型人格障碍［自体暂时的崩溃、脆弱或严重扭曲，主要表现为自塑型的（autoplastic）症状（Ferenczi，1930），像是对嘲笑、疑病，或抑郁的过度敏感］，以及（5）自恋型行为障碍（narcissistic behavior disorders）［自体暂时的崩溃、脆弱或严重扭曲，主要表现为他塑型⑨（alloplastic）症状（Ferenczi，1930），像是性变态、行为偏差，或药物成瘾］。后面两种形式的精神病理，自体的有病部分自发地与自体—客体分析师结合进入有限度的移情合金——的确，关于这些移情的修通活动，构成了分析过程的最中心。

我相信只有上述定义的最后一种，需要更多的说明。为了要澄清在自体疾患的分类中赋予自恋型行为障碍特殊地位并与自恋型人格障碍区分开来的理由，我要开始对这两种经常发生的人类自体病理做比较性的检视。

在我心中，这两种经常发生的人类自体病理，其区别在于一种的原发的缺陷——有病而未被镜像的自体——被对女人的滥交与虐待的行为所掩盖，而另一种的防御性掩盖由幻想所组成。

让我们把注意的焦点放在两个具体的临床案例上。为何M先生（见第一章）——自恋型人格障碍——主要限制自己于对女人的虐待幻想，而I先生（Kohut，1971，pp. 159~161，167~168）——自恋型

---

⑨ 译注：自塑／他塑用以形容反应或适应的两种类型。自塑指个体独自的修正，而他塑指周围环境的修正。参考精神分析词汇。

行为障碍——投入于和很多女人的实际关系，并控制、主宰、虐待她们[10]？这个问题的答案——无论是多么不完整与假设的——应该被视为在精神分析理论与临床中非常困难的一章。它尝试要做出贡献，尝试要解决神经症起源学（neurosogenesis）的复杂问题：为何一些人变成官能症的，或发展成自恋性障碍的官能症形式，而其他人则见诸行动，变成性变态、行为偏差者，或药物成瘾者。

如果我们在此面向上比较M先生与I先生，我们立刻可以说他们的防御结构有一个共通点：他们对女人的虐待是被这样的需求所启动，就是强迫镜像的自体—客体对他们回应。换句话说，我们可以定义这两类病人防御结构的功能，借着我之前在不同的文本对于"自恋暴怒"的现象所提出的公式，加以类似的运用（Kohut, 1972, pp. 394~396）。M先生的虐待幻想，与I先生的唐璜式行为，可以被认为是自恋暴怒的变异表现，而其主要动机不是报复，而是想要增加自尊的期望。

但我们认为M先生的幻想与I先生的行为，是被防御结构而非代偿结构所维持的心理活动。这种结论的证据是什么？回答这个问题并不困难：我们结论的事实根据存在于两个案例中——其心理活动只是离开其自尊的潜在缺陷的一小步。例如，在移情的动力学中，我们很容易观察到，当个案感到分析师无法神入地回应时，M先生的幻想与I先生的滥交行为总是变得活化；当他们感到分析师与其重新建立神入的接触，理解地回应他们自恋剥夺的感觉时——换句话说，当他们借着分析师正确的（神入的）诠释，使其自体的统整被强化或使他们的自体变得更强壮时，M先生的幻想与I先生的滥交活动很快就消失了。

在这两位个案的防御结构相同的背景下，我可以描绘他们的差

---

[10] 唐璜症候群（Don Juan syndrome）无疑地可被各种不同的心理需求所触发。此处我所谈及的个案，如M先生与I先生，他们尝试要对未稳定建立的自体提供持续的自尊。

异。简单地说，结构上的本质相同提醒我们，他们表现的差异必然不能在古典后设心理学的动力观点的架构下解释，而必须在自体心理学的架构解释。特定地说，我提出的假说是，I先生有病的自体的要求，比起M先生的更强烈、更急迫、更原始。但这些差异的原因是什么？它们至少被这样的事实部分解释，就是I先生缺乏最低量的目标—建立（goal-setting）结构，而M先生曾经获得过它——虽然不完整——来自其理想化的自体—客体，亦即他的父亲。I先生的双亲都不能神入地回应他的自恋需求。他不只暴露于极不神入的母亲（例如，她和她的朋友谈论男孩兄弟的生殖器，而那男孩在场），也暴露于自体—专注的、自尊—饥渴的父亲——他需要比儿子更出色，要移开众人对儿子的注意，而且不能以儿子的成就为荣。I先生因此不能发展出代偿结构（也就是理想与相关的执行自我功能所组成的系统），而M先生在这方面至少有某种程度的发展。

　　关于技术的注解在此可能是妥当的。在这些个案的临床治疗中，我相信分析师对于个案自尊提升的行为表示不赞同，不会获得什么进展；因为这些个案的见诸行动是防御结构的表现。分析师不要施加道德的压力，取而代之的是应该对个案解释其行为动机不是力比多的需求，而是自恋的需求。尤其，他应该重复对个案举例说明，透过检视个案虐待的、滥交的活动的增加或减少，他的防御行为如何关联于自恋领域的原发缺陷所散发出来的表现的增加或减少（他的嗜睡或抑郁、他的低自尊）；更重要的是，透过其原发缺陷的减轻及其代偿结构效能的增加，他应该让各种自恋移情的修通造成个案对非社会化的行为需求逐渐减少。

　　我提倡的临床态度的最中心，在于分析师能认知被分析者的防御活动不是无效的。分析师不要基于伦理的理由提出反对，他应该对个案说明其行为不会造成他渴望的结果。换句话说，分析师可以在适当的时机告诉个案，他想要借着防御的滥交来提升其自尊的尝试，就像具有大开口的胃瘘管之人尝试借着猛烈的进食来平息其贪婪的饥渴[11]。换句话说，正是防御方式的没有效能，解释了它们何以被不停地追求。莱波雷诺（Leporello）的记事本大小（I先生确实有一本类似的电话本，记载可利用的女人）至少对一些唐璜来说，标记着他们的自尊体验领域中未满足的需求强度。〔然而，不是莫扎特与达彭（Da Ponte）的唐璜。这个不朽人物的行为，似乎由稳固统整的、偏差的与有活力的自体所发动〔参考莫伯利（Moberly，1967）对莫扎特的唐乔凡尼所做的分析〕。〕

　　M先生与I先生的精神病理的检视，是为了解释存在于自恋型人格障碍与自恋型行为障碍之间，动力上与经济上的差异。然而，虽然有这些差异，他们的情况还是有很多共同点。就如我之前所说，不只是他们防御的心理活动的动力学意义本质上相同，他们也有相同的起源学背景。具体地说，他们都属于自体心理学领域中一种特殊的起源学集合体——特殊而有教育性，我有时会碰到这种情形。它由几个相关的因子组成：在核心自体的夸大—表现癖部分有严重障碍，因为来自母亲这边的镜像广泛扭曲，而母亲自身有严重的自恋型人格障碍或甚至是潜伏的精神病；在核心自体中包含理想化的领导价值部分有中等程度的困扰——I先生比M先生这部分的困扰更严重——因为孩子转向父亲来寻找与理想化的双亲影像做持续的融合的尝试，但父亲无法充分地提供其所需。

　　类似的案例经常可以在现代精神分析的临床工作上碰到，尤其是

---

　　[11] 当然，使用进食的比喻不应该误导我们——或是病人——去假设生殖的渴望之下所藏的是口腔的渴望。正是存在于自体的结构空洞，使成瘾者尝试去填补——不论借着性活动还是口腔的进食。而结构的空洞不能借着口腔的进食来填补，就像其他形式的成瘾行为也办不到。正是未被回应的自体的缺乏自尊、对于自体的真正存在不能确定，以及自体碎裂的恐怖感觉，使得成瘾者尝试借着成瘾行为来反制。在成瘾的进食与酗酒之中没有乐趣——对性欲带的刺激不能满足他。总之，自体的问题不能适当地以驱力心理学综合论述。

一些病理起源学上（pathogenetically）决定性的家庭集合体。其中母亲有严重的自体病理而父亲情感上抛弃了家庭（例如，借着退缩到他的工作或职业，或借着他的休闲活动与嗜好花掉他所有的时间）。换句话说，父亲在解救自己免于妻子的破坏影响的尝试中，牺牲了孩子，因为孩子还是处在母亲的致病影响之下。我挑选出这样的集合体的主要理由，不是它发生的频率，而是它清楚地显示出孩子自体障碍的产生是由于孩子核心自体发展的两个关键领域与自体—客体的健全关系都曾经被剥夺——与理想化的自体—客体的健全的互动不能治疗与镜像的自体—客体的致病互动所造成的伤害。

来自X先生的分析—临床资料

X先生[12]，22岁，当他开始要求分析时，曾被和平军（Peace Corps）拒绝。而他一直想要加入和平军来获得一生中期望—幻想的实现：去帮助底层的、受苦的人们。他向分析师承认，虽然被拒绝是他寻找治疗的立即刺激，但他早在申请加入和平军前就考虑接受心理治疗了，不过那时决定先去和平军几年。他期望治疗的真正动机似乎是关于他性障碍的羞耻感[13]，而且这可能是因为他的羞耻感、他的社交孤立与弥漫的孤独感而导致的。从青少年早期到治疗的开始，他的性生活包括经常的手淫活动（一天数次，带有成瘾的强度），伴随着同性恋的幻想。他从未有任何实际的性体验——无论是同性恋的还是异性恋的。

X先生的母亲总是把他理想化，并支持他夸大欲的公开展现——但就如我们所了解的，前提是他不能在情感上离开她。她对男孩父亲的态度一向强硬地轻视。在发展的潜伏期开始，作为路德教徒的个案就渴望成为牧师，这一渴望在青少年期变得更为强烈。虽然我不能确定其母亲是否明显地支持这样的职业选择，但这无疑地关联于她对孩子的影响力。无论如何，这一渴望是意识上怀抱的夸大想法的载体（对基督的认同），然而，这也暗地里剥夺了他的独立与男性的目标。当个案还是孩子的时候，他的母亲经常读《圣经》给他听，并强调男孩耶稣与圣母玛利亚的关系。他们最喜欢的《圣经》故事之

---

[12] 此个案接受了我一位年轻同事的分析。她从机构毕业没多久，在此个案分析的第三年末尾找我督导。她要督导的原发动机是渴望得到关于我的理论观点的第一手资料。次要的是，我相信，她也可能期望获得建议，去推动相当缓慢的分析。我关于此个案的资料，来自这些晤谈及后来的数次简短谈话，以及一份描述个案进展的书面报告。

[13] 虽然X先生并未对和平军的检查者透露其变态的沉溺，但他们可能已经怀疑其存在。无论如何，他们拒绝了他，并建议他寻求心理治疗。

一——后来变成个案很多白日梦的焦点——是关于男孩耶稣在圣殿里的那段（路加福音，2：41~52）；而且似乎特别强调这样的含义（"他在殿里，坐在教师中间"）：耶稣即使还是孩子也比父亲形象的人物优秀（"凡听见他的，都惊奇于他的聪明和他的应对"）[14]。虽然个案进入和平军的尝试，无疑地被原来对救世主形象的认同的延伸所推动，但X先生并未实际着手于让他成为牧师的步骤。我没有仔细地探究阻碍他这么做的精神内部障碍，我能提出的是下列心理动力摘要：X先生不能把早年的夸大沉溺与教士的生活形态配合起来，因为他与宗教的关系已经变得性欲化。从青少年后期开始，他很多的手淫活动伴随的是与司祭的本堂牧师有同性恋关系的幻想，尤其是在接受圣餐的时刻。虽然X先生对性欲化的口腔摄入的渴望是那么接近心理的表层，他对父性的心理结构的深刻感受的需求无法透过意识上的口交幻想来表达。相关的手淫幻想所显现的内容——把教会升华的象征与个案的原发过程令人惊奇地结合——关于牧师有力的阴茎与个案自己的阴茎，在领圣餐的时刻相交而过。于是，在高潮射精的时刻，个案对有力男性的阴茎的沉溺，透过口腔摄入与理想化力量的获得——在他的性欲化想象里对基督教仪式最重要的象征行为的完成——找到了几乎是艺术的完美表达。

根据X先生意识上的记忆，分析师起先推测当他还是孩子时，他几乎不曾与他的父亲有过任何有意义的接触；而他与其父亲的关系，因而变成不重要。然而，通过回顾可以辨别的是，在初次的诊断性会谈中，X先生曾暗示他体验过对他父亲的深度失望。分析师并未认知

---

[14] 此处摘录的《圣经》章节所显示的家庭关系气氛是上述集合体的一种，其中母亲轻视其丈夫，尽量夸大孩子（当他还依恋于她），但潜意识怀有对自身父亲深深的敬畏。当耶稣的双亲因他离开家而责怪他，耶稣的回答是："你们岂不知我应当在我父的家里吗？"意味着圣殿就是上帝—父亲的房子。（用深度心理学的语言来说，他此处暗指的是母系祖父的潜意识影像。）

这些提到X先生的父亲的意义，而个案那时对此也完全未察觉，他正暗示着源自童年的一种重要情绪需求。相反地，他提出相关联的沟通——抱怨其母亲剥夺了他父亲财产中他应得的一份——提到的完全是最近刚过去的问题（父亲死后遗产的分配），而表达的方式带着尖酸与怨恨。这让分析师考虑其存在着隐藏的妄想症的可能性，并有一段时间怀疑个案是否适合分析。（回顾来看，解释此抱怨的意义是可能的：关于其父亲金融上的财产，在他受到欺骗的明显的控诉背后，藏着的是更深的责难，是关于他母亲剥夺了他应得的心理上的遗产的机会——借着防止他对他的父亲有钦佩的关系——并因而使他无法形成由父性的理想、价值与目标所引导的自体结构。）

　　个案开始发展的主题是他从母亲转向父亲的尝试——让自己有第二个发展机会来获得可靠统整的自体——在分析中相对的后期。在两年半的时间里，个案的分析师的注意力几乎完全集中于个案明显的夸大欲（他的傲慢、他的孤立、他不切实际的目标）；而且她尝试告知X先生，他的夸大欲一方面是"俄狄浦斯的胜利"的部分，另一方面是防御的——它支撑了孩子对下列事实的否认：虽然母亲似乎对他情有独钟，但父亲仍然是其真正的拥有者，且可以处罚（阉割）这小男孩。简单地说，分析师尝试告诉他，在他明显的夸大欲下藏着对"俄狄浦斯的失败"的抑郁。换句话说，分析师的注意力与诠释都集中于明显的夸大欲；而后她和我才逐渐认知，其中个案仅是他母亲企图心的代理人。持续被忽略的是个案潜伏的夸大欲，它从男孩被压抑的夸大—表现癖的自体散发出来——独立男孩的自体起初渴求来自母亲的肯定，但徒劳无功；然后他尝试借着与理想化的、钦佩的父亲融合来获得力量。

　　但个案不会轻易地放弃，而其未被满足的儿童期需求会持续坚持。X先生能稍微对分析师表示他曾被误解。下列是他提供的线索之一。标记着两年整的分析的暑期中断，数个星期以后他报告了一连串感人的事件。他回忆起在他假期的开始，他独自开车到一个远离芝加哥的山区。当在驾车的时候，他做了很多的白日梦，就像他所习惯的那样。分析师猜测X先生正开始要告诉她，关于他离开她后，感到多么孤单。但他的联想却转到不同的方向。他回忆起一个活生生的白日梦，它显然地具有真实的梦一般的特征。个案想象他的车子跑得不顺，引擎开始运作异常并且最后完全坏掉。他注视车子的油表并了解到他用光了汽油。然后他看到自己推着车子来到路边停靠。在他的幻想中，他离开了车子，并尝试打信号给经过的车子以示求助。但车子一辆接一辆地呼啸而过，他感觉到自己孤单、无助、无力，而他的焦虑也逐渐增加。但后来他想起来，很久很久以前，他不是在行李箱中偷藏了一罐汽油吗！那罐汽油会不会还在？能够找到它是不是就可以再上路？他看见自己开启了行李箱，在一大堆的行李、工具与其他难以形容且废弃的旧物品中找寻。他伸手探入那一大堆东西中，上帝！真的有那个旧罐子——生锈的、凹陷的、破损的，但仍装满着汽油——它正是他希望找到的，正是他需要的那一罐。这个白日梦结束于他把汽油加入油箱，然后再次上路。

他循着这个白日梦的回忆，提到他开车到达这片美丽区域，漫步于其中的森林景观。他再度感到孤独，他的心智在漫步中再度活跃起来。尤其是他持续回忆起童年中的一个面向，而他在分析中从未提及。他回忆起很罕见的时刻，他和父亲一起在森林中散步——在这些散步之中存在着亲密，一种父亲与儿子之间的亲近，而这亲近在他们的关系中似乎全然缺乏。同时另一个特征似乎变得有潜在的重要性：个案到目前为止，基本都在分析中所谈论其父亲被鄙视的影像，现在他告诉分析师，父亲在这些散步中给他的印象是不平常的男人，是令人钦佩的老师与向导。父亲知道这些树木的名字，他辨识出不同动物留下的脚印，而且他告诉儿子在他年轻的时候，他曾经是很棒的猎人，知道如何接近猎物并且能够一枪毙其命。不用说，男孩欢欣而钦佩地聆听父亲的故事,而且当父亲教导基本的森林住民技艺时,他是热衷而专注的学生。然而,这些体验之外存在着另一面。这些体验不只极少发生,它们也一直是孤立的;它们没有与X先生的人格其他部分整合,只是男孩生命中(以及父亲与儿子的关系中)独立的存在范围。父亲与儿子之后未曾谈到这些散步;而且,好像有一种默契,他们从未在母亲的面前提到这些体验。

来自X先生的分析——理论的扩展

个案心理障碍的结构基础，在于其人格的垂直分裂。（见本书150页的图示）其中一个部分的功能靠的是与母亲仍未破裂的融合；另一部分包含其核心自体中两个未完全整合的成分——一个是没有被回应的夸大—表现癖的碎片，而另一个碎片是以理想化—目标的结构为特征，关联于对其父亲的某种钦佩态度。就如我们不久就可了解，两个核心自体碎片的第一个（夸大—表现癖的这一极）比第二个（怀有男性理想的这一极）更为麻痹。然而，核心自体不只是碎裂而衰弱，它也与人格的功能性表面没有联系；它就这样隐藏起来。核心自体与意识的自体结构没有沟通，也没有接近，它们之间被人格中的水平分裂分隔开来——它被压抑了。

此处我必须解释，为何我在上面的文字中——本来在自体心理学的架构中可以稳固建立的解释背景下——引用"压抑"，也就是引用属于古典后设心理学的理论概念，其中人类的精神被视为心智装置。我本来可以避免这个问题，因为如我之前所说，自体心理学与古典（心智—装置）心理学并不需要整合；依据互补的心理原则，它们肩并肩地，包涵人类整个心理学的两大面向：内疚人的心理学（冲突心理学）与悲剧人的心理学（自体心理学）。虽然并不需要整合这两个深度心理学取向，但如果有人想要整合，这是办得到的——不过有时会损害一个取向的解释效力范围，有时会损害另一个的。在目前的案例中，我选择使自体及其成分适合于心智的结构模式架构，我完全知道这么做会把自体化约成心智装置的内容，而暂时放弃了独立的自体心理学的解释效力的周延。不一致是可容许的，因为对我来说，所有值得做的理论化是尝试的、探索的、暂时的——包含着玩笑（playfulness）的元素。

我用玩笑这个字词是经过深思熟虑的，是为了对照有创造力的科学与独断的宗教的基本态度。独断的宗教的世界，也就是绝对价值观的世界，是严肃的；而居住在其中的人们也是严肃的，因为他们欢乐的探索已经结束——他们已经变成真理的捍卫者。然而，有创造力的科学世界中居住的是玩乐的人们：他们了解环绕其周围的现实本质上是不可知的；他们理解他们从未得到真正的真理，只有对真理的类比近似；他们满意于从不同观点来描述他们所见，而且以不同的方式尽可能地解释。作为科学家，我们可以仰望星空与浩瀚的宇宙；我们也可以细察无限小的微粒子小宇宙。而无论在哪一个方向上前进，我们都可以到达具有同等重要性之类似的无尽世界。这个道理同样也适用于"自体心理学"，以及"属于心智装置的自体心理学"。我们可以把自体看作悲剧人的中心，可以研究其起源及其演变。而我们也可以把自体看作内疚人的心智装置的内容，可以研究它与其装置结构的关系。⑮

让我们从一般的理论转回特定的情形。就如我之前所述，X先生的人格被垂直分裂分成两个部分。其中一个部分的特征是优越感、傲慢的行为、出世的与宗教的目标，以及对基督的认同；他在这个部分中维持与其母亲的古老融合，而她允许甚至鼓励他表达其夸大的想法——以及配合这些想法的人生目标的追求——只要他不打断与她的

---

⑮ 虽然自体心理学在以前就广义而言，隐含在我所有以自恋为主题的著作中；我对自体的定义，是我现在从狭义而言的自体心理学，也就是将自体当作心智装置的内容。广义而言的自体心理学的追加的概念化，也就是自体占着中间位置的理论架构的心理学，第一次在本书中被一致而明白地提出来。

融合—联结，只要他仍然是母亲夸大欲的执行者⑯。然而，我们眼前的重点并非这个部分，而是着眼于第二个部分，这个部分的情形就是我之前认为的结构的"压抑"，渴望与理想的双亲影像融合以及包含一些已经内化的核心理想的原初焦点。如我所述，我们所碰到的这个部分的情形，在狭义的自体心理学理论架构下可被轻易地描述：我们可以说核心自体，尤其是透过与理想的自体—客体融合而获得的核心夸大的部分，被压抑（也就是被"水平分裂"）隔开，而与意识感知的自体没有接触。如果我们尝试描绘这些关系而缺乏自体的概念，也就是只有运用心智的结构模式架构，而没有作为心智内容的自体概念，那我们会面临更大的困难。例如，在心智的结构模式架构下，要提供超我（自我理想）结构的压抑的简单图像是非常困难的——此处弗洛伊德的图画不能清晰地表达其意义，而他被迫在一些场合附加言语的解释，就是部分的超我是潜意识的，或如他所表示，超我渗入潜意识中（1923a，p. 39，52；1933，pp.69~71，p.75，pp.78~79）。此处以自体心理学的模式，能够更容易地处理这些关系的图像版本。我相信这是对于自恋型人格障碍中广泛存在的心理情形，标示了自体心理学有更大的适切性与相关性（见本书150页的图示）。

---

⑯ 根据我们得到的资料，我们不能断定以下的前意识幻想是否属于母亲动机的一部分，亦即她儿子是她的阳具。如果真是如此，我会假定这样的幻想只是冰山的顶部，而这冰山是一整座、大部分埋在水里的致病心理集合体。根据我的临床经验，我的结论是这些案例中母亲的需求，不是对阴茎的强烈渴望，而是要治疗自体中严重缺陷——这样的事实可以见证于偶尔发生的解放：儿子或女儿（在青少年期、成人期早期，或生命的更晚时期）从与双亲之长期而似乎不可破的融合中脱离，双亲经常会发展出严重的自体病理（精神病性抑郁症、妄想症）。［比较双亲与孩子之间的混乱关系，此处的综合论述是建立在双亲自体的结构缺陷的基础上，而艾克霍恩（本书第五章注④）对纠结关系的论述的发生基础是在双亲未解决的结构冲突。］这些考虑也可以解释面对可能打破与双亲的联结时，被融合的小孩的最深恐惧的本质。它并非对丧失爱或丧失爱的客体的害怕，而是在丧失了与自体—客体的强烈而古老的纠结之后，对自体永远崩溃的害怕（精神病）。

在此重要时刻，有一个棘手的问题要我们面对：鉴于核心自体的双极组织（以及考虑相对应的致病因子的双重性），关于透过精神分析，被分析者重建有功能的自体的需求的问题，是否有一个或两个，甚至更多个有效的解决方法？乍看之下，似乎这个问题应该被扫到一边，而答案应该是：当然有。而有人可能被诱导接受并合理化下列事实：根据弗洛伊德的陈述，分析给予"个案的自我自由以决定这个或另一个方向"（1923a, p. 50），分析提供了个案选择健康的可能性。但我担心采取这种做法将会过于草率，会让我们诉诸一种借口。只要我们限制分析目标的定义于知识的领域（让潜意识成为意识的）。我们说分析给予个案一个新的选择（"决定的自由"）是一回事；而我们说填补结构的缺陷、重建自体，那又是另外一回事。

如果借助于我们的临床例证来思考这个问题，那我们问题的答案，从原则上就看起来比较简单。如果分析师没有主动地介入自发的发展，分析的过程将会处理分析前个案人格的成分；移除阻碍之后（对防御—阻抗的分析），会让先前对个案而言不可得但实际存在的结构获得自由。X先生分析的过程，换句话说，（见本书150页的图示；也见类似建构的个案J先生，Kohut, 1971, pp. 179~186）就是以两个阶段来展开。

第一个阶段将会聚焦于打破其人格中维持垂直分裂的屏障（barrier）。移除这个屏障的结果是，个案将逐渐了解其人格中被水平地分裂的部分的自体体验（self-experience）——充满空虚与匮乏的自体体验，虽然被过度轻忽，但总是存在而意识的——构成了他真正的自体（authentic self）；而直到目前在非二分的人格部分中，主宰的自体体验——全然的夸大欲与傲慢的自体体验——并非源自独立的自体，而是从作为其母亲自体的附属品的自体散发出来的。

分析的第二个阶段，可以说是开始于垂直屏障的移除之后，而病人的注意力从非二分的（nondichotomized）部分转到二分的

（dichotomized）人格部分。⑰现在分析的工作将会聚焦于水平屏障（压抑屏障），以追寻分析的主要任务：让潜藏在意识的自体体验之下的潜意识结构能够被意识到。我们可以描述第二个阶段的目标，借助于X先生在他的白日梦中使用的美丽而象征性的想象：分析应该揭露其藏起来的汽油让他在人生的道路上可以再度上路。换句话说，X先生被协助去发现其核心自体的存在，而此核心自体形成的基础在于他与其理想化的自体—客体——父亲的关系。

然而，令人困扰的是，对于分析的有效解决是否存在着不止一种答案的疑虑并未因上面的讨论而减轻。确实，在像X先生的这类案例中，适当进行的分析将挖掘出个案埋藏的潜意识自体。此潜意识自体得自理想化的自体—客体，并促成自体的优势地位以及迄今不可得的企图心与理想的表现。而分析工作的结果，造成个案人格经历逐渐的改变，并清楚地表现于较佳的心理健康的方向上。同时，更进一步地，他获得了更大的内在自由与弹性，他能够做若干决定来导向新目标的建立。他放弃了进入神职工作（或和平军）的想法，而转向"老师与向导"等更为一致的目标——形塑其核心自体的这个模式与他和其理想化双亲影像的融合相一致，而此影像的代表就是跟他一起散步于森林之中的父亲。无论如何，虽然上面的综合论述很有说服力，但我将扮演魔鬼的信徒而问道：另一种集中努力于镜像移情及其正确诠释的分析，能否成功地解开个案与其镜像的自体—客体（母亲）的持续融合与纠结关系，并因而能给予X先生对起源于全然的夸大欲领域的结构有更大的掌控力？换句话说，我们可能会问，另辟蹊径的分析是否无法成功，无法开拓有效但不同的心理解答的道路，例如决定

---

⑰ 在谈到分析的第二阶段时，关于垂直屏障的"移除"，以及关于病人的注意力从其精神的一个部分转到另一个部分。当然，我所提出的不是事件的实际顺序，而是事件揭露的图式。事实上，分析工作的焦点有时候会——一开始是经常地，之后越来越少地——回到垂直屏障，即使在分析的"第二个阶段"已经开始之后。

成为牧师（与朝向达到这个目标的能力）。用更不一样的术语表示，我们可以问，如果分析师更进一步地追求探究全然夸大欲的领域，是否可以达到这样的结果——但并非依据古典的取向，试着让X先生意识到俄狄浦斯挫折的体验（这不是他人格中精神动力上活跃的集合体），而是专注于与母亲既存的融合（他的全然夸大欲的精神动力的要素）。

对于前述的问题，我倾向于给予肯定的回答：分析案例真的存在，而后面我也确实要提出一个像这样的分析例子（参考个案Y女士，pp. 105~180）。这些案例中，当分析进行到生命中的某个时点，两个分歧的发展潜能似乎同等强大；或是在两个分歧的方向上，健康开展的可能性都一样存在。这种平衡的发生，可能因为很多不同的因素。在此我做一个类比。融化的雪创造了水流，它沿着山边奔流而下。在大多数的情况中，山边地带原有的坑洼事先决定了小河流的路径。但可能有些例外：其地带间有偶然的巨石或树干躺卧，将会决定性地影响水流向右还是向左转弯，因而改变了河流后来的整个路径。在一些个案身上，这种潜能间平衡的产生，是因为早期发展中受到较少鼓励的某些内在天分与一系列才能相匹配，虽然这些才能不是同样强大，但在儿童期都受到较多鼓励。假设有一个运用其肌肉技能颇有天分的男孩，被他运动员般的医师父亲拒绝。他在言语概念领域较差但仍足够的才能被与母亲的病态纠结关系所滋养。在整个求学期间，他从运动竞赛与打工的参与中撤回，而专注于智能上的追求，尤其是在文学的领域（母亲），以及较少程度地在自然科学的领域（父亲）。当他一如家族传统所期待，进入医学院以后，不久就变得抑郁而无法读书。在这个时候，我们所虚构的年轻人寻求分析。不难了解的是，之前我说到的力量间的平衡，使有功能的自体现在可以有两种不同的发展方向。一位分析师的做法是阐明他与母亲病态的纠结关系，让个案能够从母亲身边解放他自己；然后被分析者可以建立独立

X先生的案例——精神病理学和分析的途径

从古典的动力—结构方面来看

压抑屏障

① 由理想化俄狄浦斯胜利引起的公开的夸大欲和傲慢

① 由真实的俄狄浦斯失败引起的阉割焦虑和抑郁

从狭义的自体心理学来看

① 抑郁、空虚的自体、孤僻、缺乏主动性、手淫幻想表达对强壮父亲的渴望。

② 结构不完整的自体通过理想化自体—客体（父亲作为老师和向导）来寻求巩固。

压抑屏障

① 公开的夸大欲，是由于"严重"隔离于持续出现的母亲，母亲①肯定病人超越其父亲的，这体现了病人仍是她的附属品。

在对X先生的精神病理学概念的古典动力—结构分析的基础上，通过用①①标记途径，分析后便结案。

在X先生的精神病理学的自体心理学概念基础上，分析的工作分为两个阶段。第一个阶段用①①标记，第二个阶段用②②标记。

的自体，能够欢乐地寻求赞美、肯定与成功——然而他将不丢弃当他与母亲融合时所获得的理想。让我们假设他将成为有创造力的、有生产力的精神科医师。而另外一位分析师，为了追求我们略带玩笑的幻想，可能专注于与母亲病态的纠结关系只到达某个深度，而后再聚焦于那时再活化的，与父性理想融合的渴望。（除非这个平衡在某些例外的案例中，确实如此势均力敌，否则就容许做出选择。）如此的分析可以使病人形成独立的自体，借着使自己从与母亲的病态纠结关系中得到自由，并且克服被父亲拒绝的伤害，发展并强化父性理想化目标的残存的微小核心；虽然他自己身上已经发展的很多价值，与母亲的理想相一致。在这个案例中，病人可能决定成为外科医师，也就是在治愈关于父亲的自恋伤害之后，他将能被再度唤醒对协调动作与机械技能的领域的内在天分，而这些天分直到此刻之前大都被阻断。

然而，在绝大多数的案例中，如果正确地追寻探索，分析的过程基本上是被精神内部的因子所预先决定。尤其是在X先生的案例中，自发出现的中心移情的修通过程——对父亲的理想化移情——被分析师神入地诠释，并在人格的两个部分的分析完成后，将总是造成下列类型的解决：在X先生的案例，分析最终确实导向与自体的理想极（idealized pole）相关的生活目标——换句话说，生活目标只是被起源于古老的镜像体验模式所修正。

精确而言，我认为不是来自母亲的理想的任何残留影响形塑了病人的最终人格，而是与母亲长期的融合关系，确实在他身上遗留下对若干知识领域的特殊精通，以及一整套相关的知识技能。他不是随便丢弃这些能力与兴趣（就像他一时倾向于这样做），而是保留这些，虽然现在它们服务于重新界定的生活目标。我相信，这些指示着他整合能力的强度，以及他能够建立的精神平衡的可靠性。他在专业上所需要的行动是相关于（父性）理想化的自体—客体；而内容是关联于当他受到（母性）镜像的自体—客体的影响，而获得的知识与兴趣的模式。

在前述讨论的基础上，我们现在可以下个结论——除了极少数的例外，对所有可分析的疾患而言，不论是结构官能症或自体障碍都成立——X先生的精神病理结构，决定了其分析的模式；而其分析所采取的特定过程，以及最终借此达到的特定治疗解决，都是事先决定的。根本的移情（或是根本的移情的顺序）被分析前建立的内在因子所界定，而这些因子存在于被分析者的人格结构；分析师对于分析过程的影响是重要的，只有当他——透过诠释，根据正确或不正确的神入结论——或是促进，或是阻碍了个案在其事先决定的道路上的进程。在X先生的案例中，根本移情关联于潜意识的核心自体的需求的再活化——此核心自体尝试借着与其成分之一，也就是带着男性理想的一极相关的修通过程来获得力量。在个案的儿童期，发展中的自体与自体—客体间关系的特定障碍，不容许完成下列的发展顺序：（1）与父性理想融合；（2）对理想化的、全能的自体—客体去理想化（de-idealization）与转变内化作用；（3）把理想与自体的其他成分及人格的其余部分进行整合。根本移情关联于特定而未完成的发展任务的再活化——可以说是移情中的柴哥尼克（Zeigarnick）现象[18]（Zeigarnick，1927）——也就是尝试填补特定的结构缺陷的再强化。在分析过程开始提供个案以填补其结构缺陷的真正有效的方法之前，个案能做的只是透过僵化的性欲化演出来获得暂时的减轻[19]。这些演出在个案充满对男性力量的情感中，找到最深切的表达——他想象在

---

[18] 译注：柴哥尼克发现，未完成的任务会记得比较久也比较清楚。

[19] 在一些自恋型人格障碍分析的早期，会发生性活动逐渐增加，尤其是所谓的移情的性欲化，这些通常是个案填补其结构缺陷的需求的强化的表现。这些表现不应该被理解为驱力的爆发，而该被视为个案希望的表达，希望现在的自体—客体将供应其所需的心理结构。

接受圣餐的时刻，自己的阴茎与牧师的阴茎相交的动作。分析的任务在于把对稳定自体的需求——尤其是自体中能怀抱着理想化目标的一极——从只能提供暂时力量感、成瘾的性欲的表征重新移动到潜在的需求，也就是再活化与理想化的自体—客体的关系。换句话说，X先生必须再活化与儿童期真实父亲的关系；他必须摆脱母亲在他心里培养的对基督的认同，而同时他也必须脱离母亲所提供的父亲的代理人（三位一体的天父——母亲潜意识中自己父亲的影像）。借着分析工作的帮助，聚焦于X先生人格中怀有下列需求的部分：要完成理想化的父亲影像的内化以及整合父性的理想；在分析从他全然的夸大欲沉溺转开之后，结构开始被建立，而先前孤立的、潜意识的自体透过逐步的转变内化作用，得以稳固。

我相信在X先生的案例里，我已经举出足够的证据来支持这样的主张：根据内在的因子，正确回应的分析总是会聚焦于理想化双亲影像的复健，并以这个方式使病人建立自体中有适当功能的部分单位。我特别希望，我已经能够向同事证明我的取向的正确性；他们不习惯在最早的婴儿期思考精神病理的基础，因而倾向于只是把后来结构的复健看作次发而边缘的任务。让我再说一次：精神病理的最早层经常从自体撤退——此过程本质上不同于压抑——当对它们一定量的分析工作已经完成之后，容许关键的工作得以自发地进行下去。我确信在这个分析揭露的过程中，任何来自分析师这边，坚持病人持续处理古老材料的介入是错误的——无论分析师的行动可能多么有善意且被理论所支持。

我知道有另外一群分析师，他们会说我不需要投注这么多的心力，来证明夸大自体的古老层应该被容许撤退——古老的材料确实该被立即而明快地处理，因为分析中所有处理的材料，尤其是病人最早的纠结关系的处理只是防御性的。他们会说，分析的真正材料甚至尚未进入分析；而分析师的主要任务就是注意到它——病人正面对着它。这些同事心中所想的材料，依据他们的理论观点与信念——无论病人的困扰为何而总是位于其精神病理的中心者——就是俄狄浦斯情结。为了检视这个结构官能症的核心情结，以及它与自体心理学的关系，我们现在必须接着面对。

第五章　俄狄浦斯情结与自体心理学

V小姐是一位四十多岁的艺术家。在之前的分析中，阴茎嫉妒（penis envy）的探索占了很重要的部分；而她的低自尊，以及沮丧感与无望感的倾向，根据弗洛伊德的论述（1937），被诠释为女人没有能力去接纳自己是女性（femaleness），而此无能构成了分析的基石——换句话说，病人仍渴望获得阴茎，而她的无望感关联于她达成目标的无能。在V小姐参与我分析的第三年中，她梦见她站着小便，而且模糊地感觉到，某个人从后面注视着她①。她的第一个联想关联于这样的事实，就是她在之前的分析中有过类似的梦，而这些梦与很多其他的浴室的梦，都共同指向重复的诠释：她想要拥有阴茎并像个男孩一样站着小便。然后她说到她之前的分析师是一位女性，对自己的诠释的正确性具有非常坚强的信心，而且当分析师提出其诠释时，带有不容许病人任何疑问的确定。接下来的联想转到病人的偷窥兴趣，尤其是对身处浴室中的父亲的兴趣；她清楚地记得（她总是记得）当她是个小女孩，她渴望看见父亲的身体，特别是他的生殖器。病人变得沉默，而当我问她正在想什么或感觉到什么，她说道她感觉抑郁、广泛地焦虑与无望。基于她之前的联想，以及这些年来我对她

---

① 关于移情（某人从后面注视着）的暗示，在本文中并不重要；我只是要说，分析师模糊印象是两条联想的线条的聚焦点——第一条指向对于自体—客体父亲的建设性存在的需求，第二条指向对于自体—客体母亲的破坏性存在的恐惧。

的人格与童年所获得的广泛知识，我冒险说出我的看法：她的梦与她的联想构成下列二者之间的聚集点，就是她对分析与分析师的感觉，与她童年体验中一些关键问题。我又说道，我认为她站着小便的梦，与她想要看见父亲的阴茎，并非原发地关联于性欲，而是关联于其需求——由于之前的会谈已经出现的记忆而变得熟悉——为了将自己从与怪异而情绪表浅的母亲的关系中解救出来，而想要转向情绪较有回应且较实际的父亲。这些论述所引发的联想，带给我们一些未曾预期的肯定的记忆。冰山顶端的记忆是她的母亲，曾经警告她绝不能坐在她们自己家以外的马桶，因为模糊的危险必定关系于肮脏、感染、细菌、等等。更甚者，这些联想所导致的最重要理解在于，这些对孩子的谆谆教诲的恐惧，基本上不是关于肛门期或阳具生殖器期的驱力，以及性的欲望与冲突，而是关于母亲对于整个外在世界隐藏的、妄想的看法。马桶座位就是世界——一个敌意的、危险的、感染的世界。而因为母亲的妄想信念对孩子的精神组织所作的灌输，在性与非性的方向上，孩子朝向世界的健康移动变得不可能。她想要看其父亲阴茎的欲望，是她为了对世界有正向的、活力的、非妄想的态度而尝试转向父亲的性欲化版本。而她在分析中的基本欲望，不是从俄狄浦斯的父亲获得阴茎的婴孩原发欲望，而是要获得他的支持来克服母亲对她的影响，使她能够"坐在马桶上"，也就是说，要获得他的支持来与世界进行直接而有力的接触。她想要从他的心理结构得到使她在性与非性的体验领域可以欢乐而活泼，而不是像她母亲一般平淡、空虚且多疑。

当我们从自体挣扎要维持其统整的观点来趋近这些资料，先前的这个例子，说明了临床资料的意义的转变——依我的看法，是朝向更深且更包括的意义的转变。也就是说，从自体被崩溃的焦虑所刺激的观点，而非从精神装置尝试要处理驱力与结构的冲突的观点，亦即不是从自我被阉割焦虑所刺激的观点提出了若干理论上的问题。

弗洛伊德根据他一般的理论观点，描述且解释孩子的俄狄浦斯期体验——他采取的观点是来自他那个时代的物理科学——以力量（驱力）、反作用力（防御），以及力的交互作用（妥协的形成，像是神经症的症状），在假设的空间中（精神装置）等术语。当我们要从自体心理学的观点，重新评估俄狄浦斯情结的任务，有两个原则引导着我们：我们并非质疑弗洛伊德发现的资料，而是质疑其资料之上的理论架构的适切性及其意义；我们并不必然否定古典理论中俄狄浦斯情结的中心位置的真实，而只是否定关于这个理论的普遍应用性。换句话说，我们应用的取向是我之前所指称的（见本书前言）心理学的互补原则，这意味着心理领域的解释可能需要不止一个，而是两个（或更多的）理论架构②。

　　古典的驱力与客体的理论，解释了很多孩子的俄狄浦斯期体验；尤其是它解释了孩子的冲突，以及孩子的罪恶感。但它对于某些最重要的人类体验，没有提供适切的架构；而这些是关于其自体的发展与演变。更清楚地说，尽管历代的分析师用令人钦佩的努力，使驱力与防御的理论以及精神装置的结构理论扩展到了极限——包括弗洛伊德（1920）为了赋予其驱力理论宇宙性的面向（cosmological dimension），所做出的英雄式终极尝试——这些理论对于建立与维持统整的核心自体［带有达成这个目标的相关欢乐，以及无法达成的相关的莫名羞辱（nameless mortification），参考（Eidelberg，1959）相关的关键任务的体验］无法适切地处理；而且，这些理论也无法处理核心自体的关键挣扎的相关体验，以及一旦核心自体被建立所要表达的基本模式（当在这个目标上成功或失败时带有的相关胜利感与挫败感）。如我之前所说，驱力理论及其发展解释了内疚人，但它们无法

---

　　② 艾德海（Edelheit，1976）最近将互补的概念应用于"心理的描述与神经生理的描述之间的关系"。

解释悲剧人。

按照先前的考虑，我们对俄狄浦斯情结的检视，最好能够从不同的方向来趋近。我们首先必须问自体的障碍与俄狄浦斯神经症是如何彼此相关；然后我们必须问，我们对俄狄浦斯情结概念的本身，当从自体心理学的观点来看，是否要改变，以及如果需要，该如何改变。

我们第一个要面对的问题，是自体的障碍与俄狄浦斯官能症如何彼此相关。

理论上存在——以及在临床上确实存在——两个可能性：（1）情绪上从俄狄浦斯的冲突与焦虑撤回，可能造成慢性地采取防御的自恋形势（narcissistic positions）；（2）孩子所暴露的羞辱，透过感觉其自体将要碎裂或缺乏活力，可能造成他慢性地采取防御的俄狄浦斯形势（oedipal positions）。我在其他地方（1972，p. 369）把第一种困扰的病人称为假自恋型疾患（pseudonarcissitic disorders），而把第二种病人称为假移情官能症（pseudotransference neuroses）。对于此处这种图式的分类，我要附加一句，除了清楚的复合病理（layered pathology）的案例（也就是假自恋型疾患与假移情官能症），也存在着混合的形式；其中原发的自恋型病理与俄狄浦斯病理肩并肩地存在，并在移情中或交替地或接续地被活化。然而，这些个案并不常见。在我临床的体验中，无论如何，我惊讶地发现，纯粹病理的案例比起真正混合的病理案例更为常见。最后，我应该说，为了探索自体病理与结构病理之间的关系（虽然不是为了探索自体疾患本身），古典后设心理学的架构大概应该是适切的——就像对于俄狄浦斯期与前俄狄浦斯期精神病理之间的关系，以传统的驱力心理学进行探索是适切的。

我们现在来面对第二个问题：我们对俄狄浦斯情结概念的本身，当从自体心理学的观点来评估，是否要改变，以及如果需要，该如何改变。

为了奠定基础来回答这个问题，我必须请求读者忍耐：如果我提出古典主张的摘要，来使它的若干特征得以彰显。古典主张坚持，在一系列重要的初始步骤之后，孩子进入一个心理阶段；其中在内在心理因素（像是驱力成熟）的基础上，他被无情地引入一种心理状况——对异性的家长有性的欲望，而对同性的家长有敌对的、谋杀的欲望——这使他面对冲突，而这并不能根据意识的选择与决定并透过外在行动来解决冲突；而是透过大量的自塑型（autoplastic）的适应，来回应冲突。这些事件的结果是精神装置经历若干重要的改变：对异性客体的欲望的压抑，在决定原我的形式与内容上是关键重要的因素；对所恨的同性敌对者的影像的内化，在超我的形式与内容上扮演相对重要的角色。如果古老的结构无法稳固地隔绝于自我，而插入的、半穿透的精神结构的调节作用并不充分，那么精神病理的中心焦点就被建立——婴儿化（俄狄浦斯）官能症。此病理自身可能很快被隔绝，或是暂时或是永久的（也就是，官能症的显现确立被防止或延迟），然后自我被给予一些空间来进行学习任务——虽然以可用的能量作为代价。但在很多例子里，婴儿化官能症将使它的影响力在儿童期被感受到，而清楚的潜伏期就伤害地缺乏。在这些情形下，智性与社会学习的范围的扩展就因而终止。总结来说，古典分析勾画出俄狄浦斯情境的无法解决的面向，并把接续而来的病理结果看作因为精神装置没有能力去处理冲突。

虽然，心理健康在古典的论述中较少被强调，但它也可以用俄狄浦斯的术语来定义。心理健康的建立，是借着精神装置的能力——启动有效的自塑型的改变来处理冲突。功能良好的精神组织被建立，并能处理适应的问题。换句话说，如果对抗压抑的原我与超我的屏障不只是稳固，而且具有适当的穿透性，也就是说，古老的原我与超我的力量，被插入的精神结构稳定地隔绝或中和，那么自我就可以自主地发挥功能。心理发展的新阶段开始，相对地不被婴儿化性欲与攻击所干扰；自我准备好面对范围更大的智性的与社会的问题——孩子开始上学。

这不是意味着对古典论述的巨大解释效力有任何的不敬，或对于它们的瑰丽与优美缺乏任何欣赏；当我从狭义的自体心理学的观点——也就是从考量自体作为心智装置的内容的理论的观点（见本书前言，正文93页、144~145页）——想要借着增加自体心理学的面向来丰富古典的理论，我现在确信是可能的。之前一直没有说清楚的陈述就是：稳定自体的存在是俄狄浦斯情结的体验的先决条件。除非孩子把自己看作有界限的、持续的、独立的主动中心，否则他不能体验造成俄狄浦斯期冲突与次发的适应的客体本能欲望。还有，如果我们认知到俄狄浦斯期中活跃的自体的存在，那么我们对俄狄浦斯挣扎的概念本身及作为俄狄浦斯体验的继承人的精神结构的功能的发现将更精确地反映出精神现实（psychic reality）。然而，如我之前所指出的，我们可以在若干清楚定义的界限之内（例如，在精神病理学中，关于结构疾患的区域、在正常的功能中关于意识的与前意识的精神冲突的区域），在忽略自体的解释基础上，以令人满意的方式解说心理生活。容我再一次强调：因为自体在结构冲突的两边都存在，它可以由于对等而被抵消掉。

但是，当已经对古典的主张做了摘要，我们的思考现在达到了关键点：从广义的自体心理学的观点来审视俄狄浦斯情结的意义。在这种观点中，自体的概念是超越于作为心智装置及其代理者之上。

有些时候，一段明显但短暂的俄狄浦斯时期会在多年的分析工作的末尾出现于移情之中；而这多年的分析工作是完全聚焦于修通自体与自体—客体之间的关系。很多年前，我仅是简单地认定我正在处理源自儿童期的俄狄浦斯冲突的再现；儿童期中的一个发展水平、一个试验性地达成的阶段（phase）已经被阶段特定的恐惧所破坏，并造成防御的、退化的撤回。但在数次类似的体验之后，我已经改变了我的看法。现在我相信下面的看法是很有可能的：这些俄狄浦斯集合体是新生的，它们是以前从未达成的自体巩固的正向结果，它们并非移情的重复。我基于下列的观察来形成我的看法：首先，这些案例中的被分析者，在分析的末尾所体验的俄狄浦斯阶段，几乎完全是对分析师与分析师家庭的幻想；而且虽然一些联想可能暗示到与双亲的三角关系，却没有关于儿童期的俄狄浦斯冲突的充满情绪的记忆系统被活化。其次，虽然有一些同时发生的焦虑，但这个短暂的俄狄浦斯阶段伴随着温暖的欢乐光芒——这种欢乐所具有的情绪的标记，伴随着成熟的或发展的成就。这个观察具有关键证据的意义。我借着重述弗洛伊德在多年以前，在不同的情境下（1900，p. 157）所说过的可爱故事，来支持我的论证。这故事是关于一个女孩渴望要结婚，当她被告知其求婚者"具有暴戾的脾气，而且如果他们结婚，就必定会打她。"她回答说："但愿他已经开始打我！"在这个小故事里，如此迷人地描绘相同态度，盛行于自恋型人格障碍与其他的原发自体一种冲突的疾患，这种冲突是从俄狄浦斯情结所散发出来的。任何人若因为自体的连续性、巩固与稳定被严重威胁而受折磨，将会把俄狄浦斯情结体验为欢乐地接受的现实，尽管其充满焦虑与冲突；而且他将会说，如同弗洛伊德的故事中的女孩，"但愿我已经开始受苦于俄狄浦斯阶段的焦虑与冲突"。

很显然的，从广义的自体心理学的观点来看，我们的焦点被吸引到俄狄浦斯期的正向面向。确实，古典理论对于欣赏俄狄浦斯体验的正向特征是充分适合的。但它把那段时期的精神装置所获得的正向特征，视为俄狄浦斯体验的结果，而不是其自身体验的原发的、内在的面向。或者换句话来说：古典理论被集中于结构冲突与结构官能症的焦点所限制。现今，如果精神分析理论扩展其疆界，并把古典的发现与解释放在上层的（supraordinated）自体心理学的架构中，那么它将可以更接近于实现其正当的渴望，亦即成为普遍心理学。

现在让我从自体心理学的观点，对俄狄浦斯阶段做个描述。根据自恋型人格障碍的案例，在分析的末尾已经达成先前碎裂的、易于崩溃的自体的重建，而俄狄浦斯阶段重新（de novo）被达到；我们重新建构俄狄浦斯的孩子的体验世界。我们可以说，如果进入俄狄浦斯阶段的孩子具有稳定的、统整的、连续的自体，那么他将对异性的家长体验到肯定的——拥有的、情感的——性欲的欲望；而对同性的家长具有肯定的、自信的、竞争的感情。然而，我们必须马上附加一句：孤立地考量孩子的俄狄浦斯体验将会在心理上造成误导。就如同关于发展的更早阶段，孩子在俄狄浦斯阶段的体验，只有当它们在这样的基质下被考量才变得可以理解——这种基质是来自其环境中的自体—客体面向的神入的、部分神入的，或非神入的回应。

俄狄浦斯的孩子之情感的欲望与肯定的—竞争的敌对，将会被正常神入的双亲以两种方式回应。双亲对于性欲与竞争的敌对的反应，将会变成被性刺激的与反攻击的（counteraggressive）；同时，他们将会对孩子发展上的成就，以及对孩子的勇气与肯定，反应为欢乐与骄傲。虽然在正常的情况下，这些看起来不一致的双亲态度被混合了，但我下面的讨论将会以它们可以被清楚分开为前提。

关于第一次提到的双亲回应，需要说的并不多——确实，这并未隐含在古典分析的教导中，能说的不多；或者最少可以说，关于发展的这个阶段，双亲的态度不容易与古典的教条整合。我们这样认为，神入的异性家长将会意识地或前意识地，掌握这样的事实：变成孩子的力比多欲望的目标，并以目标抑制的力比多方式来回应孩子的进步。同性的家长也将会意识地或前意识地掌握这样的事实：变成孩子的敌对攻击的目标，并以目标抑制的反攻击来回应孩子的敌意。显然，父母对孩子意图的正确感知，以及他们适当的、目标抑制的回应，都对孩子整合其力比多与攻击的挣扎的能力进展非常重要——以心智装置的心理学术语来说，孩子获得了调节驱力表现的精神结构。

如果双亲对俄狄浦斯的展现的回应，大致上是性欲的或反攻击的，那么对孩子成熟中的精神装置就明显有害。但是，除了宣称这些极端都是不能被接受的，我们必须承认广泛种类的双亲回应应该被视为——即使不是活跃地促进健康与发展——至少是非致病的以及不会干扰精神的发展。我们可以将双亲的回应视为正常范围中的双亲行为。然后，在这样指定的界限里，我们可以说，整个双亲回应的光谱都在正常的范围内。例如，在族长组织的群体中，双亲对俄狄浦斯男孩的养育态度。男孩因为其俄狄浦斯期的体验，所发展的心智装置的特色是稳定的超我以及一套坚强的男性理想。这种类型可能特别适合一个拓荒者的（frontier）社会的任务，或至少是这种拓荒者的社会价值仍然主宰的社会。在性别分化已经减少的群体中，因为对俄狄浦斯的孩子有不同的回应，双亲的态度可能造成女孩超我的稳定性与理想与一般族长制的群体的男孩相当。而这样的女孩可能特定地适合于这种非扩张性的社会的任务——或许是明日稳定的人类社会。

这些广泛的议题，我将会在稍后讨论——而其所涵盖的范围，依我的想法，社会学家与精神分析师的合作是不可或缺的——但本文中对于这个部分不需要加以扩展。此处我只是要再提醒大家，我所勾勒出来的发展，可以用稍微延伸的古典后设心理学术语加以描述——换句话说，我们对正常的俄狄浦斯情境的简短观察结果，可以用狭义的自体心理学术语来提出。我们可以用这种方式，在我们的综合论述中赋予清楚的自体心理学面向；然而，古典主张的综合论述——成功经历的俄狄浦斯阶段的有益结果就是稳定的心智装置——这样的论述仍然没有改变。

我们没有必要去聚焦于这些发展的失败，以古典分析的术语来描述就是构成心智装置的精神巨结构（macrostructures）界限的脆弱或是它们的退化，或二者皆是。尽管狭义的自体心理学的引入多少做出了修饰与丰富，最后的结果仍然属于古典的分析：对人的概念就是，被赋予功能良好的或功能不佳的精神装置——人被他的驱力所驱使及被阉割焦虑与罪恶感所束缚。再一次重复，这样的概念在狭隘的临床领域，对结构官能症的问题可以做适切地说明；而且在社会与历史发展的广大范围涵盖了内疚人的冲突。

现在我们要转而讨论这样的主题——从一开始我就可以确定这样的事实——它不被古典的理论架构所涵盖，即使借着加进狭义的自体心理学而更有深度：我们将检视正常的（非致病性的意思）双亲对他们的俄狄浦斯期孩子的回应的第二个面向。我们要问的是，在俄狄浦斯期中，什么是双亲的非致病性（nonpathogenicity）的本质。如我之前所说，具有关键意义的事实在于：与双亲的性欲与攻击反应合而为一的，就是正常的双亲对他们的俄狄浦斯期孩子的发展的进步，所体验到欢乐与骄傲。

虽然这些来自俄狄浦斯期孩子的双亲的重要回应，是相对沉默的，特别当他们是深植的且真正的时；无论如何，这些回应是全然弥漫的。这些回应是下列事实的表达：双亲的自体是充分地巩固；双亲的自体已经形成企图心与理想的稳定模式；双亲的自体正在体验这些模式表现的显现——顺着一定的生命曲线进行，从预备的开端，经过活跃的、生产的、创造的中期，直到实现的终点。在孩子的俄狄浦斯阶段中，双亲的自体是在生命曲线的哪一点并没有差异；只要双亲的自体的模式是清楚地计划并良好地巩固，以及正在表现其自身的过程中，将要实现的巅峰与实现的终点已经被隐含于其中了。然后俄狄浦斯期孩子就是双亲自恋平衡的事实的受益人。例如，假如这个小男孩感到他的父亲骄傲地重视他，将他视为老砖块分离出来的一个碎片，而且允许孩子与他以及与其成人的伟大（adult greatness）融合，那么孩子的俄狄浦斯阶段将会是自体—巩固与自体—模式—稳定的决定性步骤，其中包括几种整合的男性特质（maleness）之一的奠定——虽然他的性欲与竞争的渴望有不可避免的挫折，虽然因为矛盾与羞辱的恐惧而有不可避免的冲突。然而，假如双亲这个面向的回应在俄狄浦斯阶段中缺乏，即使双亲对孩子的力比多与攻击的挣扎的回应大致没有扭曲，孩子的俄狄浦斯冲突将会带有恶性的特质（malignant quality）。还有，扭曲的双亲回应也可能在这样的情形下发生。双亲若不能与孩子发展中的自体建立神入的接触，或者，他们倾向于把孩子的俄狄浦斯渴望的成分孤立来看——他们将倾向于在孩子身上看到（即使一般只是前意识地）警告的性欲与警告的敌意取代了肯定的情感与肯定的竞争之较大的结构——结果是孩子的俄狄浦斯冲突将会被加强。例如，一个母亲本身的自体如果巩固不佳，他将会对粪便与肛门区进行反应，而不是对她整个而有活力的、骄傲地肯定的孩子的肛门期自体进行反应。然而，如果母亲的自体是良好巩固的，他将不会孤立地体验到客体力比多的与自恋的（表现癖的）成分。这些成分会与非性欲的成分结合，构成小男孩整个的俄狄浦斯期自体；而母亲对这些成分的反应将不会是强烈的性欲回应，也不会是对它们的防御——就像过去对她骄傲地肯定的、肛门期的孩子所做的回应不曾专心于注意其粪便。她在肛门期与俄狄浦斯期的情况，将会回应整个的、统整的与活力的自体。而正常的父亲对攻击的成分（不论它们支持客体力比多的还是自恋的挣扎）的回应，将不会是强烈的反攻击（或直接地或防御地）——这些成分与其小男孩整个的俄狄浦斯期自体结合。这就好像当孩子骄傲地展现其新发现的能力时：爬行、站起来与走路，他的反应将不会是专注于孩子发展中的肌肉。

这种双亲的自体—客体对于他们的俄狄浦斯期孩子的自体—统整—提升的态度，会造成何种结果——一个接受这些健全回应的孩子，会如何体验他的俄狄浦斯阶段？换句话说，一个进入其俄狄浦斯阶段的孩子，如果有稳定而统整的自体且被具有健康而统整的、连续的自体的双亲所环绕，他的俄狄浦斯情结是什么呢？我相信可以根据对某些自恋型人格障碍成功分析的末尾所出现的类俄狄浦斯（quasi-oedipal）阶段的观察而得到推论。我的看法是，正常孩子的俄狄浦斯体验——无论对异性家长的欲望多么强烈，无论当认知其实现的不可能有多严重的自恋伤害；无论与同性家长的竞争多么强烈，以及无论相关的阉割焦虑多令人麻痹——从一开始就一直持续地包含了深度的欢乐的混合物；此混合物虽然与传统意义上的俄狄浦斯情结的内容不相关，但在自体心理学的架构下却有最重要的发展意义。我再一次根据对某些自恋型人格障碍成功分析的结案阶段所做的观察而得到推论；我相信这种欢乐的滋养来自两个来源。此处为了要阐明这种本质上是单一的体验的合金的成分，且让我有点儿人工化地将它们彼此区分。它们是：（1）孩子对迈向崭新与兴奋的体验的心理领域，有重大进展的内在觉察；（2）他参与其中的骄傲与欢乐的光芒是从双亲的自体—客体所散发出来的，虽然——确实也因为——双亲认知到孩子的俄狄浦斯欲望的内容。后者更为重要。

当然，事实上，很多双亲的回应能力是有限的，对他们的俄狄浦斯期孩子无法恰到好处地神入——很多双亲的回应带有明显或隐藏的诱惑性（或是对这类倾向的防御），以及很多双亲的回应会带有明显或隐藏的敌意（或是相关联的防御）。弗洛伊德最伟大的成就之一就在于发现这些事实。另外，他有勇气透露自己希望儿子死亡的欲望（1900，pp. 558~560）。这必须被当作科学上的英雄主义的典范之一。但一位天才的这些反应，在他自身的创造中带有近乎无法逃避的、巨大的自恋的参与，是否是恰到好处的双亲态度的代表例子？③我想这些反应不是。恰到好处的双亲不会位于自体组织光谱的两个极端。他不会是天才；天才的自体完全贯注于他创造的活动，而其自体

---

③　我相信探讨很多伟人的儿子的自恋性障碍，可以从他们父亲的创造性自恋（参考Hitschmann，1932，p. 151）的情境脉络下追索出丰富的内容——而不是从传统的竞争与失败的观点中寻求。为什么他们之中如此多的人过得不如意？而又为什么一些人逃离了这样的宿命？

的延伸只关联于其作品及能被他体验为作品面向的人物。他也不会是边缘型人格或类分裂型或妄想型人格——换句话说，他的自体是碎裂的或有碎裂倾向的，无法对他的孩子有神入的融合而使他可以在孩子的成长与肯定中得到快乐。恰到好处的双亲——我宁愿再说一次：给予恰到好处的挫折的双亲——虽然对茁壮中的下一代有他们自身的兴奋与竞争，也充分地接触生命的脉动，在持续的生命之流中充分地接纳自己作为过渡的参与者，能够带着非强迫的、非防御的欢乐体验下一代的成长。④

古典的后设心理学，亦即大规模内在力量彼此碰撞的心理学，阐明与解释了人类广大精神生活的领域，而这些在过去都掩盖在黑暗之中。然而，作为新领悟的接受者，我们在兴奋之余不得不面对这样的事实：新系统遗留且根本尚未触及人类体验中有意义而重要的一个层次。确实，关于移情官能症、处于冲突的人、内疚人，以及这个层次其他的人类体验，我们应用该理论十分成功。但我相信我们尚未成功——确实，我相信依靠古典的概念系统我们无法成功。古典的理论不能阐明折断的、脆弱的、不连续的人类存在的本质；它不能解释精神分裂症患者碎裂的本质、困扰于自恋型人格障碍的病人想要重组自己的挣扎、绝望——我强调是无罪恶感的绝望。他们是在中年后期发现而感受到这些的。他们奠定其核心的企图心与理想的自体的基本模式从未被了解。动力结构的后设心理学，不能适当地处理这些人的问题，不能涵盖悲剧人的问题。

鉴于上述的考量，对于弗洛伊德的伟大发现的再评估必须被理解。从古典分析的观点来看，俄狄浦斯阶段是官能症的核心；从广义的自体心理学的观点来看，俄狄浦斯情结——无论它是否遗留给个人

---

④ 有些双亲不能将自己体验为有意义而过渡的生命的参与者。他们的形象的象征包含于描述没有能力死亡的神话中［《飞行的荷兰人》（The Flying Dutchman）与《漂泊的犹太人》（The Wandering Jew）中的故事］。

包围他的罪恶感与官能症的倾向——是独立自体进行稳定过程的重要基质，使自体能够追随自己的模式且比过去更具安全感。

这些综合论述并非暗示一种悲观的哲学与乐观的哲学之间的对比。一方面，古典的后设心理学当然能把俄狄浦斯情结描述为心理的战场，幸运的孩子能从其中脱颖而出并具有稳定组织的心智装置——使他在生活中能够不被麻痹的冲突与官能症所妨碍。而另一方面，自体心理学能够强调这个时期的自体的形成与巩固，及其最终的失败。如我之前所说，现实主义促使我采取否定的术语——内疚人与悲剧人，因为人在两个领域中的失败确实笼罩着他的成功。虽然自体心理学认知到俄狄浦斯阶段自体破坏的潜能来自与人生的悲剧面向没有接触的双亲的自体—客体所构成的基质，而古典的后设心理学认知到精神装置的健全的结构化要得自成功执行的俄狄浦斯阶段；但是自体心理学的重点——而且有很好的理由——强调的是俄狄浦斯时期的成长促进（growth-promoting）的面向，而古典的冲突心理学强调的是致病的面向。

俄狄浦斯情结的再评估与超越

如果我们考虑到，假如不存在先前已经巩固的自体，俄狄浦斯情境甚至变得不能真正地进入；那么很清楚，俄狄浦斯阶段更倾向于成为麻痹的官能症冲突的温床，而非严重的自体障碍的中心焦点。我们可以说，自体已经开始上路。尽管摇晃地形成的自体或许不能渡过这个时期的风暴，特别是当俄狄浦斯的自体—客体是冷漠而破坏的，尽管当已经稳固奠定的核心自体将接受决定其外形的重要铭记——尤其从今而后，它将会是更确定的男性或女性自体；但是俄狄浦斯阶段并非关于自体命运的关键点，而是与精神装置的形成有关。

那么，关于自体的早期发展在孩子的生命中是否有重要的时间点——就像关于早期的心性发展，依据古典的精神分析理论，是否有同样重要的时间点而使俄狄浦斯情结得到其解决？所有我能说的是，根据得自成人的分析材料所进行的重建，假如这样的时间点存在，它将会比俄狄浦斯期转入潜伏期的时间点出现在更为早期的心理生命里。虽然我已经给了这种无可否认的不明确答复；然而，我没有感到我自己需要更加投入——不只是因为我认为更精确的答案，如果要存在，将必须来自儿童的分析师以及有分析训练的儿童观察者，而且特别是我不想要自体心理学被过度僵化且看起来被确定的陈述带来的限制性效应所妨碍——我可以附加一个关于分析的谬误，分析确实一直可惜地暴露于俄狄浦斯情结的引人注目的术语中。无论这个具感召力的僵化的命名多么情有可原，我们都要考虑到它被引介时期的前卫气氛。

虽然我不情愿借着指明自体被认为出生的确定点，把自体的建立戏剧化，但是，我相信在稍后的生命，有一个特定的点可以被视为具有关键的意义——自体的生命曲线（life curve）的一点——通过最终关键的测验来决定自体先前的发展是失败的抑或成功的。年轻的成年期是否是自体面对的其最严重的测验之危急时刻？在这个领域最具破坏性的疾病，即很快地发生于二十岁之后的精神分裂症，将支持这样的看法。但是，我倾向于认为关键点在更后面——在中年后期，接近于最终的衰弱。我们扪心自问，我们是否曾经忠实于我们最内在的规划。此时对某些人来说是最深的无望感、全然的倦怠感，是不带罪恶感与自体导向的攻击的抑郁压倒了他们。他们感觉已经失败而且不能在时间内治疗其失败，也不具有仍在其掌握下的能量。这个时期的自杀不是带有惩罚性的超我的表现，而是治疗的行动——渴望去除不能忍受的死亡感与莫名的羞耻；而这是对彻头彻尾的巨大失败的最终的认知所导致。

在这样的背景下，我们很容易了解自体心理学提供了相关事实的解释方法。而这个相关事实对我而言，迄今未被解释，虽然我相信它已经被长期以来的分析师所认知。一些人可以过着实现的、创造的生活，虽然存在着严重的官能症冲突——甚至有时存在着近乎残废的官能症疾病。而相反地，另外有一些人虽然没有官能症的冲突，却无法不屈服于他们存在的无意义感，包括在精神病理的主要领域屈服于无望感的痛苦与广泛的空虚抑郁的倦怠——就如我之前所说，尤其是若干中年后期的抑郁。

我甚至怀抱着希望，希望自体心理学有一天能够解释这样的事实：一些人把死亡的不可避免看作生命是全然的无意义的证据——作为人类的骄傲的唯一的弥补优点，就在于他有能力面对生命的无意义而不去美化它——而其他人可以接受死亡作为有意义的生命整体的一部分。

当然，有些人可能会说前述的问题不是科学的合理主题，认为我们借着处理这些问题，离开了可以透过科学研究来阐明的区域，而进入了形而上学的模糊领域。我不同意。这些问题，比如，尽管有外在的成功，却体验到生命为无意义的；尽管有外在的失败，却体验到生命是有意义的，以及对死亡的胜利感与对存活的无力感；等等，都是科学的心理探究的合理目标——因为这些都不是模糊的抽象冥想，而是透过临床情境之内与之外的神入，可以被观察的强烈体验的内容。这些现象确实没有被包括在这样的科学架构之下，亦即把心智视为一种装置来处理生物的驱力。但我们是否因此就必须下结论说，带有另一种心智概念的额外的理论架构在此不能为我们所用？它可以——而且，我会再次强调——为我们所用而不必丢掉旧有的。

此刻很明显的是，为何自体心理学不要认定一个人的基本企图心与基本理想为他的心智装置，或具体地说，视为本我与超我；而是如我所说把它们视为他自体的两极。从广义的自体心理学的观点来看，它们是核心的张力弧的基本成分，已经变得独立于决定它特定的外形与内容的起源学因素之外；一旦它形成了，它就只为了活出它内在的潜能而奋斗。

总的来说，（性欲的与破坏的）原我与（抑制的—禁止的）超我是内疚人的心智装置的成分。核心企图心与理想是自体的两极；在它们之间延展的张力弧形成了悲剧人的追求中心。俄狄浦斯情结的冲突面向是内疚人发展的起源焦点，也是神经症的起源焦点；俄狄浦斯情结的非冲突面向是悲剧人的发展的一个步骤，也是自体疾患起源的一个步骤。心智—装置心理学的概念化，对于解释结构官能症与罪恶感——简言之，就是内疚人的精神障碍与冲突——是适当的。自体心理学被用来解释碎裂的自体的病理（从精神分裂症到自恋型人格障碍），以及匮乏的自体（空虚的抑郁，也就是未被镜像的企图心的世界、缺乏理想的世界）——简言之，就是悲剧人的精神障碍与挣扎。

让我们现在暂时离开临床问题，在自体心理学的角度下来检视一个我多年前面对（Kohut，1959，pp. 479~482）但发现无法处理的问题。曾经困扰我的一个个拼图的图块现在都归了位。这给了我某种满足感。那时我全心地服膺于传统所接受的事实，就是绝对的决定论的权威所主宰的领域是无限的，而且坚守弗洛伊德的心智模型，把心智勾画为一种装置来处理假想空间中的力量；但对于以诸如选择、决定与自由意志这类名称进行的心理活动，我不能为其找到位置——即使我知道这些是实证上可观察的现象。那时我已经确信，内省与神入在处理复杂的心智状态的科学中，是重要的观察工具——这些操作确实地定义了其科学及其理论，而精神分析的深度心理学的领域，是透过内省与神入来感知的现实的次元。然后，我知道选择、决定与自由意志的现象可以透过内省与神入来观察，是现实的心理面向的合理的住民，而此现实属于深度心理学的领域。然而，我必须承认我所用的理论架构——古典的心智—装置心理学，认为心智是反应的机器——不能在其领域中涵盖它们。

只要观察者认为人的心理活动的执行类似于外在世界的过程，可以借着古典物理学的定律得到解释，那么决定论就掌握着无限的主宰权。这就是说心智—装置心理学被精神的决定论的定律所统治——而且它解释了很多现象。然而，虽然它真的让很多心理的活动与互动得以在这个架构下有令人满意的解释，但同样真实的是，一些现象需要一种精神结构（自体）的假定作为其解释。无论它形成的历史如何，自体已经变成启动的中心：作为一个单元且努力要追随它自己的路。物理学家对于他所探究的现实的面向——"外在"现实——的展望，同样被两个相对照的理论所统治：在已知的宇宙的界限内的过程，可以用因果律，或者或然律的术语来解释（类似于在心智装置内所执行的工作及其发生的过程）；另一方面，浩瀚的整个宇宙——无论它如何发生——被构想为一个单元，从能量的不平衡朝向最终能量的平衡与完全的静止，走着它自己的路（类似于每个人一生中自体所走的路）。

但现在让我们的论述从体验远离的理论领域回到比较体验贴近的领域，而这是我们目前探索的中心目标：在自体心理学的架构下，重新评估俄狄浦斯情结的意义。我们这里的探究，迄今已经获得一个结果：从自体心理学的观点，我们会把俄狄浦斯期看作潜在力量的来源，而非弱点的来源。就其本身来说，这样的重点转换不是意味着不同意古典的综合论述，而只是意味着我们将从新的角度来看待相同的儿童期体验，并认知到先前发现的事实有了额外的、变化的意义。但关于俄狄浦斯事件的意义的这种重点转换，是否是我们在自体心理学的角度下对这个时期的重新评估的唯一结果？还是说这个新观点也能指引我们对于孩子的俄狄浦斯期体验的相同内容有不同的感知？我必须承认，我不能对这个问题给予确定的答案。换句话说，自体心理学对于俄狄浦斯期孩子的体验，是否仅仅是对我们的理解添加一个新的维度——因为它容许我们去考虑这个时期中有关自体—客体的支持，或缺乏支持？还是说自体心理学的概念对于俄狄浦斯期重建的本身的根本正确性提出了质疑？

我将不会多此一举地提出证据——移情的重建、孩童行为的观察、艺术的秘密与作品的分析——那些支持俄狄浦斯的戏剧的传统的看法。但我相信，某些自恋型人格障碍个案的分析的结案阶段所发生的俄狄浦斯期的分析，确实让我们对正常俄狄浦斯期的描述的正确性投下了严重的质疑。这里我要说的不会超过我们的观察：欢乐地进入的类俄狄浦斯（quasi-oedipal）期，应该促使我们重新检视我们传统的概念，面对我们认为是无所不在的人类体验⑤的古典分析中的俄狄浦斯情结，事实上它是否是病态的发展的展现，或至少是一种初生的状态？我们应该问：正常的俄狄浦斯情结相对于我们一向相信的，可不可能是较不暴力的、较少焦虑的、较少深度地自恋伤害的——它全然是更为高兴的，而且以心智装置的内疚人的语言来说，是更加愉悦

---

⑤ 这里我不是要借着考虑文化学者的观点来把问题复杂化。他们认为古典分析中的俄狄浦斯情结只是属于若干社会组织。

的？我们可不可能一直认为俄狄浦斯期孩子的夸大的欲望与焦虑是正常的事件，而事实上，它们是孩子面对俄狄浦斯期环境中的自体—客体这边的神入失败的反应？

我们知道，自体—客体对于年轻孩子的整个自体的神入失败会造成崩溃的结果；自体—客体没有能力去回应整个自体，随之而来的是自体起初组成的复杂的体验结构开始碎裂；而接下来，孤立的驱力体验（以及相关的冲突）就开始展现。我们只需思考未被回应的前俄狄浦斯期孩子——他孤单时的手淫以及他对于手淫的次发冲突——就可以清楚地了解这些情形。对于俄狄浦斯期孩子，可不可能盛行着相同的情况？可不可能就是因为孩子的自体—客体对于他新近的、进步的俄狄浦斯期自体严重地缺乏接触，孩子的自体就开始崩裂？可不可能就是因为孩子的自体的原发的情感与竞争的肯定未被回应，他就为未被消化的欲望与敌意所掌控？换句话说，戏剧的、被冲突支配的古典分析中的俄狄浦斯情结对孩子的感知是以为孩子的渴望在阉割焦虑的冲击下粉碎；可不可能这并不是原发的成熟的必要条件，而是来自自恋性障碍的双亲的经常发生的失败的通常结果？如我之前所说，我无法肯定地知道这些问题的答案，但我确实知道，分析师必须对他们处于俄狄浦斯移情的个案的体验，采取新的看法；以及有分析训练的观察者应该心存这些问题，以重新评估俄狄浦斯期孩子的行为。

第六章 自体心理学与精神分析情境

界定我们对精神病理学与对正常心理学的理解的理论架构，不只影响着我们特定的技术活动（尤其是关系到我们诠释的内容）；而且也借着明嘲暗讽，来影响我们面对分析过程与面对病人的一般态度。例如对这类似乎是不公开的问题所采取的观点：是否人天生就是无助的，因为他不是生来就具备功能重要的自我装置（ego apparatus）；还是说人生来就是强壮的，因为神入的自体—客体环境确实就是他的自体。或者，是否人类未被驯服的驱力，是复杂的心智状态世界——内省—神入的深度心理学的研究对象——的原发单位；还是从一开始的原发单位就是自体／自体—客体单位的复杂体验与行为模式。上述问题的不同观点，都与深度心理学者为了治疗情境而选择采取的最适当态度（展现为具体的行为）紧密相关。

所有的精神分析师，原则上都同意这样的信念，那就是认为病人的人格结构（尤其是他的核心精神病理与他起源上具决定性的早年生活体验）将会在中立的分析气氛中恰到好处地出现。我完全相信这个信念——确实，我相信只有严格地遵守它，我才能够区分自恋型人格障碍的精神病理的特定形式；也才能够认知这种障碍的动力本质，并阐明其起源的决定因子。无论如何，当我努力地依循分析的中立原则来进行治疗时，也就是作为中立的银幕来让被分析者的人格及其需求、渴望与欲望得以阐明界定的同时，我并非要尝试趋近一种活动的零线（zero-line）。

我一直在想，精神分析师一般都具有超乎平常的神入能力；为何他们可能曾经犯了如我所以为的错误，就是他们有时候把中立等同于最少的回应。可不可能是分析师非心理学的科学训练，应该为这种健全的心理学原则的错误诠释负起责任？有些人起初受训于物理科学，可能倾向于把分析情境与化学或物理学的实验，或外科手术做比较。举例来说，他可能把分析师创造中立的精神分析气氛的尝试，类比定义为保持敏感的尺度的尝试，而绝缘于噪音或其他无法控制来源的震动。但是，虽然这样的类比可能第一眼看来很吸引人，它却是误导的。

在分析的过程中，分析师的精神是深度投入的。他平均地盘旋的注意力（evenly hovering attention）的本质，不应被负向地定义为他意识的、目标—导向的、逻辑的思考过程的中止；而应被正向地定义为被分析者的自由联想的对应物（counterpart），也就是分析师前逻辑的（prelogical）感知与思考模式的出现与运用。换句话说，平均盘旋的注意力，是分析师对被分析者的自由联想的活跃的神入回应；这种回应中有分析师最深层的潜意识参与，而这部分是源自渐进的中和化（neutralization）的区域（Kohut, 1961; Kohut and Seitz, 1963）[①]。而分析师的被动性（passivity）概念，因为弗洛伊德有时把它称为分析师的基本治疗态度，因而需要加以阐明。例如，分析师的人性温暖不只是他的基本活动——给予诠释与建构（constructions）——的偶然的附属物；而其基本活动的执行，靠的

[①] 在科胡特与赛斯（1963）的书中，第136页的图示说明了分析师这些精神的深度层面，不是被压抑或被水平分裂分离于精神的表面；而且它也勾画出表面与深层之间关系的本质。

是他的认知过程。事实上，分析师的精神深层的持续参与，是分析过程维持的必要条件。以后设心理学的术语来表达，亦即分析师对被分析者的回应——他的诠释与建构——是他精神的一个部分（sector）的活动，而非精神的一个层面（layer）；而分析师的工作所要求的不是自我自主（ego autonomy），而是自我掌控（ego dominance）[②]（见Kohut，1972，pp. 365~366）。我应该附带说明的是，自我自主有时候——过度地——被需要，当分析师努力要超越阻碍其神入理解的精神内部障碍的时候。

但如果分析的中立与被动性，不被定义为类似于保护敏感的尺度的精确性的尝试，那么它要如何被定义？我相信就心理学而言，它应该被定义为以下所述之人，一般被期待的回应性；这种人奉献其生命来帮助他人，借助于对他人的内在生命的神入浸泡所获得的领悟。虽然这种一般的神入回应性，位于广阔的可能性光谱带中，而且容许很多个别的差异；但原则上，它不是具有心理学方程式的电脑功能的模拟，并限制其活动而无法给予正确且精确的诠释。分析师必须努力不要像个程式设计良好的电脑，这在原则上是真实的；而这个结论立基于两个前提：分析师的回应需要其人格的深度层面的参与；而且稍后我将会详述，一部电脑的回应对被分析者来说，将不会构成一种一般的、可预期的环境。

以上陈述对我来说，是与分析的基本原则完全一致的；而其所提倡的态度，是提升分析师对浮现的潜意识材料的认知。例如，假若一个病人的不断疑问，是婴儿化性欲的好奇心的移情展现；这个

[②] 译注：科胡特所说的自我自主与自我掌控，其中自我自主是源自自我心理学的理论，大意是自我的运作不受原我的干扰，可以不带情绪地处理心理世界的讯息，尤其在客观地分析资料时。而自我掌控指的是自我可以掌控源于原我的力量，可以更有能量地生活与工作，而作为分析师也能够神入他人的心理世界以收集资料。

被动员的儿童期反应将不会被过早中断，相反地，这种反应将会得到更清楚的厘清；只要分析师首先借着回答病人的疑问，而后才指出他的回答无法满足病人，这就不会对被分析者的神入回应的需求造成人为的拒绝。这些考量对自恋型人格障碍的分析来说，尤其真实；这些似乎是来自婴儿化驱力的衍生物，被当作性欲的好奇的展现，其实它们仅仅是为深藏的渴求自体—客体的回应的挣扎所找到的表达管道。而且这些考量在某种程度上也适用于古典的移情官能症；假如病人正常而一般的需求不被当作防御的假装或婴儿化驱力—欲望的衍生物而立刻地拒绝，反而先就表面的意义来对待并给予回应，那么被分析者的客体—本能需要的移情本质，将被更仔细地阐明。

如我前面所说（见本书60~61页），人类在缺乏神入回应的心理环境，不能有心理上的存活，就像在不包含氧气的大气中无法物理地存活。缺乏情绪的回应、沉默、假装作为非人性的电脑机器一样地收集资料并传递诠释，提供如此的心理环境。而想要对一个人的心理组成的正常与不正常的特征有最少扭曲的厘清，就好像所提供的物理环境是在没有氧气的大气中接近零点的温度，却想要最准确地测量他的生理反应。分析情境中所提供的适当中立，依据的是平常的情形。分析师对病人的行为，应为平常所期待的——也就是心理的感知者对于某个受苦中且信任他来寻求帮助，所采取的行为。

此处可能有反对的看法，认为我多此一举：用不着多说的是，分析师的举止必须是人性的、温暖的，且带有适当的神入回应，而且分析师对于他们病人的举止的确是温暖而人性的。③我现在倾向于相信，这个认为我多此一举的批评在一定程度上是正确的。简单的理由就是在我们所指称的分析情境，这个如此深入人性的集合体，分析师的行为如果不是这样的话，最后几乎是不可能有什么成就的。但是我也知道存在着一个理论的偏差，使分析师要以自然的、放松的方式来行事是困难的。而相反地，当分析师以这种方式对待他们的病人时，他们倾向于感到莫名的不安或罪恶感。结果，某种僵硬、人为化与刻板的保留态度，是分析师所期待带入分析情境的"中立性"（neutrality）的寻常成分。而且当被分析者面对绝非中立的且实际上大致是剥夺的气氛，反应以生气时，分析师将假定他面对着阻抗的出现，而此阻抗是对抗着分析的程序——他将阻抗诠释为潜在驱力（攻击）的展现——而事实上分析师处理的是人为产物。假如分析师真的感到一丝丝的罪恶感，每当他没有依照弗洛伊德（1912，p. 115）著名的格言，说分析师应该"在精神分析的治疗中要仿效外科医师，他们

---

③　在分析情境中，是什么构成了适当的治疗态度？分析师对于处理这个困难问题的著作，倾向于较为敏感。我相信此处我们的敏感，大多不是因为对于揭露隐藏的反移情的防御，而是因为我们自恋地重视我们的治疗活动、我们的个别形式、我们已经达到的精通，我们这些倾向的分支——牵涉的是全能与全知的意念的衍生物。无论如何，我会说我们对那些质疑我们所珍视的治疗技巧与其所依据的技术理论之人，倾向于带着受伤的骄傲而反应。而那些质疑不说话的回应与情绪的保留的传统态度者，很快就会听到他们提倡的是"野蛮的分析"（wild analysis）与"矫正的情绪体验"——同时，他们也会听到他们对着稻草人射击。

我有一段时间倾向于把这两类批评的不相容性，当作它们的非理性的证据。就如同著名的碎茶壶的故事：碎茶壶不可能被完好地归还，而一开始就破碎地被收到；那些对分析师坚持严格而持续的保留态度，抱持反对意见的人，不可能是错误的；因为那些反对者提倡的是透过爱来治疗，而且因为他们对他们的病人是真的温暖而放松。无论如何，我已经得到结论：这两个回应的不一致，不是受伤的骄傲所导致的非理性的原发的展现，而是下列事实的表现；这个事实就是分析师的行为确实存在越来越大的差距，存在于古典的技术理论所直接地或暗示地描述的分析师的行为，被体验为不可辩驳的——参考罗耶瓦尔德（Loewald，1960）与斯通（Stone，1961）的重要著作——以及现代大多数的分析师在精神分析情境中的实际行为。

抛开所有个人的情感，甚至是人性的同情"，那么分析师的情绪自发性将会被限制。

此处应该添加弗洛伊德非正式表示的看法，此看法与上面摘录的告诫有很明显出入。例如，在一封给菲斯特（Pfister）的信中，他表达的意见与我在自体心理学的背景下阐明的适当的态度，在方式上是一致的："你知道人类对事物感知的倾向，不是只就表面来看，就是把它们夸大。我清楚知道的是，就分析的被动性的议题来说，我一些学生的看法就是如此。尤其是H，我倾向于相信他借着某种冷淡的漠不关心，搞砸了分析的效果；然后他又忽略了揭露他在病人身上所唤起的阻抗。从这个例子所得到的结论，不应该说是分析之后应该接着综合（synthesis），而应该说是移情情境的完全分析具有特别的重要性。治疗中仍然残留的移情，可能且确实应该具有的特色，是一种真诚的人性关系"（E. L. Freud and Meng, 1963, p. 113）。

我知道对于分析的技术而言，仔细论述的重要著作中陈述的重量，是大大地不同于朋友间书信非正式的、放松的闲聊。但我要冒险来猜测，在弗洛伊德的生命中，不同的时间点的这两种看法不是没有意义。首先我们必须考虑，在第一个与第二个相对照的看法之间，弗洛伊德又多了十五年的临床经验。然而对于这个改变可能有另一种解释，也就是弗洛伊德在他分析生涯的早年，主要面对的被分析者都受苦于结构官能症；后来，主要的精神病理逐渐发生了转变——精神病理的形式转变为我们现在所指称的自恋型人格障碍——而弗洛伊德的第二个陈述，就是对这个改变前意识决定的回应。

一般而言，我已经获得的看法是，来自分析师的态度——情绪的保留与不说话的回应，对受苦于古典的移情官能症的被分析者来说，经常是同调于他们的需求。这个看法所根据的结论是，当这些病人还是孩子的时候，他们曾经被过度刺激；他们曾经在一定程度上卷入其双亲的情绪生活，使他们未成熟的人格组织的能力遭受过度负担。确实，我相信当儿童期曾被成人的环境过度刺激，是他们后来的精神病理的类型，也就是结构官能症，在起源上的决定因子。④

　　对于儿童期曾被成人环境非神入地过度刺激的被分析者，分析师的反应倾向为不说话，这种倾向可能因此显示着他对其病人人格的理解。有鉴于这类病人的盛行，甚至可以声称说古典的立场在早年的时期是正确的。但不说话的回应被坚持为所有个案都适用的正确态度，与这样的结论并不一致。因为古典的分析师对其立场的有效性理由，欠缺意识的理解；他不说话的回应不能被评估为适当的神入回应——甚至在病人体验为提供了健全的治疗气氛的案例中。然而正确的神入回应是精神分析师在治疗情境中，两阶段的基本活动的第一个阶段的内在面向（参考本书60~66页）；它终究必须被言语的诠释所接续（在这种个案中，是关于病人对过度刺激的敏感的动力学，以及关于此敏感的起源重建，也就是关于病人的非神入地过度刺激的儿童期自体—客体）。但是，就我能分辨的能力范围，古典的分析师的诠释焦点位于他处。我因而倾向于坚持这样的看法，就是即使有关结构官能症，古典的情绪保留与不说话的回应态度，不能被明确地认为是创造了平常的、可预期的分析情境且构成真实的中立，即使它刚好符合被分析者的过度刺激的儿童期自体的需求。分析师采取不说话的回应，不是因为被分析者的特定需求，不是因为他对被分析者的受困扰人格

---

④　来自童年期自体—客体两种不同类型的神入—失败的区分——一种透过自体—客体的过度刺激造成结构官能症，另一种透过自体—客体的情绪远离造成自体的障碍——将会在本书的最后一章讨论。此处我要提的，只是我所说的"过度刺激"，指的不是弗洛伊德的歇斯底里病人所宣称记得的概括的性诱惑——这样的记忆被弗洛伊德揭露为儿童期的欲望—幻想的展现。我所说的成人对儿童所做的非神入的诱惑的展现是微妙的，而且它们在分析中不容易被回忆或重建。但是，我相信它们是普遍存在的，因为它们是成人精神病理的某种类型的分支。而且我相信弗洛伊德发现的概括的诱惑记忆的背后，所存在的儿童期幻想因此不是自然发生的、遍存的精神组成；它们是被过度刺激的儿童扭曲的幻想生活的展现。

的起源核心的深度理解，而是因为遵守这样的教诲：移情的污染必须避免。分析师的不说话与保留，因而将被体验为非神入的，即使是对困扰于结构官能症的被分析者——要不是存在着这样的事实：如此的态度经常决定性地被情绪的弦外之音所软化；而这些发自分析师精神深处的弦外之音，虽然存在着分析师意识上的理论确信，但仍然能被听到。

　　自体心理学的观点所带来的概念改变，以及所得到的结论，为分析师——至少是一些分析师——在临床工作中的实际行为提供了理论的支持；尽管理论及其相关的技术指导阻碍了他们，尽管他们因而觉得，在处理被分析者的精神病理的某些最中心的部分的展现，对于他们所采取的态度的重要性应该予以轻视，借着把他们的态度贬低为分析中边缘的位置，以及小心地把这态度称为分析的技巧。

　　于是分析师的技巧行为，可以被当作分析师觉察的展现：对困扰于自体疾患的被分析者的脆弱性，而这也是他对被分析者撤回或以暴怒做回应的倾向的觉察的展现。但对困扰于自体疾患的被分析者，即使是来自分析师这边最敏感回应的行为，基于分析师对其精神病理的正确但仅前意识地达成的评估，不能代替重建—诠释的取向，而此取向是基于分析师对个案自体的结构缺陷的意识的掌握，以及对其自体—客体移情的理解；此移情的建立是根据这些自体的缺陷。而且假如，对于自恋型人格障碍的个案，分析师除了无法掌握被分析者的精神病理的本质并适当地加以诠释，他还坚持谨慎保留的态度与过度沉默的回应行为，那将会造成更有害的后果。被分析者会觉得其自体的刚开始展现的表现癖，或是其小心提出的理想化的幼苗遭到了拒绝；这些纤细地构成的结构，才几乎刚开始被再度动员，就将再一次崩溃。被分析者的行为特征将会是失望的倦怠（自体的脆弱）与暴怒（自体肯定的退化的转变）的混合；而且，更详细地说，分析师的诠释将开始聚焦于被认定的婴儿化攻击与内疚的再活化的相互作用⑤——被拒绝的自体的倦怠，通常被误以为是结构冲突的结果（对于破坏的冲动的内疚感）——而他们将忽略更重要的被分析者的儿童期体验的重复：被分析者对其自体—客体的错误回应的反应。分析师在自体心理学的架构下，对被分析者之暴怒与破坏性的意义的再评估——我愿意再次强调，再评估是完全相容于分析师对临床情境的内与外的攻击与敌意，其遍存性与重要性之智性与情绪上的全面认知——不只有助于防止在分析师与被分析者间产生人为的敌对立场；而且借着诠释重点的改变，逐渐导向整个致病结构的分析的解决，而这个致病结构是被分析者暴怒倾向的基质。简单地说，被分析者要"面对"的不是以敌意做成的基石，亦即他此刻必须先学习在自己身上认出其存在并加以驯化；而是要面对这样的理解任务：虽然他有权期待其成人生活中的自体—客体一定量的神入回应，他最终必须理解成人生活中的自体—客体不能弥补其儿童期自体—客体的创伤的失败。正是被分析者的儿童期致病的自体—客体移情的再现——有害的儿童期环境的重建——及其早年生活的自体—客体的失败所造成的创伤状态的修通，同时伴随着新的心理结构的奠立，减少了被分析者的暴怒倾向。

总结我对分析情境中分析师的态度的看法，首先，我会说给个案提供额外的爱与善意，绝非分析师的目标——他要提供给个案的实质帮助，只有透过其专长技术的运用及专长知识的应用。无论如何，他专长知识的本质——他特定的理论观点——在决定他面对个案的举止方式上是重要的因素。它影响的范围不只是分析师观察的现象的种类，也影响到他评估与诠释现象的方式。假如分析师认为分析的观察所能穿透的最深度，是由驱力的层级所构成（不管是力比多的或

---

⑤ 我相信这个顺序——一种自我完成的预言——特别会在这样的分析中发生：进行这种分析的分析师的治疗态度，直接或间接地被克莱茵的理论教条所影响。

攻击的），那么在克服阻抗之后，分析所揭露出的驱力—欲望可以被压抑，或被驯化，或被升华；分析师将会同调于被结构官能症障碍的个案的问题，而且他将能够以令人满意的方式，帮助他们解决其潜意识的冲突。虽然我依然坚持，如果分析师忽略了狭义的自体心理学，他的理论是不完整的；但这个不完整并不会决定地干扰了治疗的有效性，因为如我之前所说，统整的自体存在于冲突的两边，因而由于心理上的对等可以被消除掉，且没有太大的影响。然而，如果分析师处理的个案困扰于自体结构的缺陷，那么理论的不完整——此处我谈的不仅是缺乏狭义的自体心理学，而且是缺乏广义的自体心理学——就变成严重的阻碍。假如分析师不能认知到：在最深的层次，分析师尝试要透过从若干崩溃的产物（关于性欲区的力比多体验、关于无法控制自体—客体的暴怒），转向崩溃产物之前的基本心理构造（借着自体—客体的神入回应而建立统整的自体的再活化的尝试），以建立对自体—客体的移情；那么分析师将会聚焦于有关驱力的冲突——被分析者的性欲的与破坏的目标，及其对这些目标的内疚感——因而不是变成教导的（驱使自我—控制），就是——经常伴随着骄傲的现实主意的展现——变成不必要的、悲观的；而他根据的信念就是分析如今已经达到"生物的基石"，除此之外不能再穿透什么。

  有一个问题——我已经讨论过其理论的意义（见本书146~154页）——现在我必须回来面对，即使我认为它的理论意义大过于临床的重要性。虽然我声称分析师在分析过程的参与，就如之前的书中所定义与描述的那样，提供被分析者一种——纯粹精神内部地决定的——不被扭曲的移情的发展所需的真正中立的基质；换句话说，即使我声称，如我所定义的分析师参与将会去除人为干扰——也就是并非精神内部决定的体验与行为模式——而这些确实会扭曲移情；虽然这看起来很吊诡（paradoxical），但我承认可能发生罕见的案例，其中分析师的人格促成了选择的影响：关于缺陷的自体的结构性复健，在两个（或数个）同样可用的及同样有效的模式之间的选择。虽然这应该很明显，但可能要补充的是，我所谈的不是对分析师的人格的概括认同（gross identifications）。尽管这种情形真的发生，且在修通过程中作为暂时的阶段而具有合法的位置，并最终导向转变内化作用（参考Kohut，1971，pp.166~167页）；这些情形的持续，清楚显示了分析尚未完全，个案的自体已经被外来的自体取而代之且尚未被复健。无论如何，即使这些假治愈（pseudocures）被仔细地纳入思考并被排除，仍然可能有罕见的案例，其中分析师的选择性回应确实会影响修通过程的目标，以及影响最终被复健的自体的特定形式。

关于我自己本身的人格对被分析者的复健自体的可用选择，所可能产生的影响，我不能找到确实的证据。事实上，我很自然地对这样的事实引以为傲：我的被分析者们对他们的心理健康的困扰所找到的问题解答，无疑是他们自己的，以及——无论他们的自体内在的先决模式为何，他们可能借着对我产生过渡的概括认同而被暂时地扭曲——他们最终将会出现且怀抱着他们自己所发现的知识。

但是，虽然我不能从我自己本身的临床经验中，举证出具有说服力的证明来支持我的推测——这个任务所需的客观性是很难达到的——我作为督导者与咨询者，有时候会在分析中观察到：分析师对于浮现的移情材料的反应，其顺序与相对的强度似乎影响了被分析者在修通中方向的选择。

举个例子，最近我有个机会研究一份普遍的且专家提出的个案分析报告，是关于自恋型人格障碍的个案，且得到了良好的结果。被分析者是Y女士，这位女性的精神病理包括相当严重的活力降低、表现癖的上升，以及中等程度的身体—自体的统整障碍；她达成了其身体—心智自体的可接受程度的稳固，以及从其功能的展现体验到一定量的欢乐。这让她感觉更容易接受她自己，以及作为此进步的附属品，她可以和先生，尤其是和她的小孩建立更好的关系。这个新平衡的达成，本质上是透过朝向母性的镜像自体—客体移情的修通。

无论如何，在这个分析的开始，个案与其分析师（一位女性）之间发生了一种交换，而我相信这是关联于目前的情境脉络。Y女士提到，她曾困扰于一种大肠疾病，且曾被诊断为溃疡性大肠炎；并且她强调表示想要获得这个疾病的"心理因素"。分析师对于这个目标表达了警告，提醒心理领悟在这个地方可能没有效果。个案立刻顺从于分析师的现实主义，而说她并不期待分析可以让她"变成新的人"。她并附加了——一句不合理推论，应该注意的是，它的意义逃过了这位其他方面非常有感受力的分析师的注意——她并不期待"分析可以使她成为作家"。

可能有另外一位分析师，从一开始就潜意识地同调于个案的渴望：想要透过创造性的追求来表达她夸大自体的表现癖；这样的分析师对于分析能否处理她大肠疾病的这个希望，是否有不同的反应？这位分析师，即使因为防御的现实主义，促使他警告个案关于分析效果的限制；他仍然会因为被分析者后续的叙述而变得警觉，虽然其叙述是以负面的方式（见Freud，1925）表达，但显示了大肠疾病与她想要成为作家的渴望二者之间的关联？因此，可能发生的修通管道不仅是朝向有缺失的镜像，而她的身体—自体于儿童期曾经暴露其中；也可能是朝向未充分提供的机会，想要和理想化的、全能的自体—客体融合，而此自体—客体代表的目标是文学创作领域成就的前驱？而分析焦点如此的转换，是否可能会导向不同的分析结果？应该附注的是，这种结果比起事实上达成的结果，将会在精神分析上同样地稳固与有效。如此的分析可能会造成不同种类的自恋平衡——分析可能会导致被分析者对其自体—表达的表现癖需求增加了觉察，可能导致她对于她夸大—表现癖的自体，形塑美丽的且／或重要的翻版任务有更加稳固的理想化；而非朝向被她生病的大肠所排挤的脆弱的、定义不清的、未被镜像的自体的翻版。如此分析的最终结果，也会包括被分析者达成自恋恒定的能力增加——无论如何，这种恒定的基础，不是因为分析实际上被完成而得到平静完美的感觉，而是基于她骄傲与胜利的成就感，伴随着达到理想化目标之后的欢乐。

第七章 后记

改变中的世界

在走完一段路后会出现一个点——一个人从一段旅行回来，人生的一个阶段如今已成过去——这时，当艰辛的努力已经过去而得以放松，并允许我们的注意力从已经完成的任务细节中转移开来，我们可以再次回顾我们的所有体验，以整体地理解并从中萃取更广阔的意义。

这就是我感觉我已经到达的点。无论我的主题可能看起来多么广阔，无论我的理论化是多么开放倾向的（free-minded）；直到目前为止，我探索的最重要结果就是透过一种严格定义架构下的研究：实证临床的研究架构。无论如何，接下来的部分，我会允许自己浏览一些更广阔的远景——允许自己所提出的问题不能被局限于临床取向的研究回答——即使我知道比起之前，我将立论于较不稳固的基础；我现在提出的观点所牵涉的领域，最多只是位于我专业能力的边缘；或是相关联的主题，一般也只容许纯理论取向的探索。

以不同的角度来看，下面的文页所包含的反思是回答一个问题的尝试：这个问题不仅具有非个人的科学意义，也具有个人的意义。首先，我以个人的立场来提出这个问题，亦即为什么尽管我长期致力于古典精神分析的理论，而且用了毕生的专业时间来研究并教授这门科学；为什么，尽管我根深蒂固的保守本能告诉我说，能运作的系统不应该被干扰——为什么我感觉被迫去提出一种扩张、一种改变？把这个问题放在属于它的更宽阔架构来看；为什么精神分析除了古典的理论与技术之外，现在还需要一种自体心理学及其相呼应的技术？我认为，精神分析之所以需要这些改变是因为人类正在改变，同时所生活的世界也在改变；精神分析需要自体心理学，是因为假如精神分析还要维持其作为人类理解他自身的尝试的领导力量；而且假如它真的想要保持活力，当面对新资料与新任务时，它必须以新的领悟来回应。

这些新资料、这些分析所面对的新任务，以及分析所必须回应的改变，究竟是些什么？还有，假如分析真的改变了，它仍然是分析吗？这些问题的部分确实已经在前面的文页中被回答了；直接地或借着简单的推论，大部分根据的观察是来自自恋型人格障碍的分析中，自发地揭露的自体—客体移情的顺序。但现在我将转向的领域，属于"超过基本规则的界限"（beyond the bounds of the basic rule）：在这个领域中，心理因素的审查与社会因素的审查汇合了。

我要借着以下的主张来直接切入主题的核心，那就是使现代西方人的心理存活陷入最大危机的心理危险正在改变。相对来说直到最近的时代，个人所面对的最主要威胁是无法解决的内在冲突。而相关联的主要人际间的集合体是双亲与孩子之间情绪上的过度亲近（overcloseness），以及父母之间具有强烈情绪的关系；而这就是西方文明中的孩子所暴露的。或许这些可以被视为不健全的反面，相对应于健全的社会因素：像是家庭单位的稳固、集中于居家及其周围的社交生活，以及父亲与母亲角色的清晰定义。

今天的孩子越来越没有机会，不管是观察工作中的双亲，或至少透过僵化的、可理解的想象来带有情感地参与双亲在工作情境中的能力与骄傲；此情境中的双亲自体有最深的投入，而且他们的人格核心对于神入的观察者来说是最可以接近的。今天的孩子所能做的，最多就是观察双亲在休闲时的活动。而对孩子来说，这些时候确实是带有情感地参与双亲的能力与骄傲的机会——例如在露营旅行中，当儿子或女儿能够参与父亲搭建帐篷与抓鱼，以及参与母亲准备家里的用餐。虽然我充分地了解：情感上亲近双亲这样的休闲活动，为孩子形成中的自体提供重大且健全的效果，但是，我承认情感上对双亲的游戏与休闲活动的参与，无法提供孩子的核心自体同样的养分，就如同现实生活中的活动的情绪参与所提供的一般——尤其是关于有限的、恰到好处的、非创伤性的双亲失败，提供了转变内化作用所需的燃料。

精神分析师不是社会心理学者，更不是文明的历史学者或社会学者——分析师缺少了承担特定的比较检视的科学装备，一方面就是双亲的休闲活动对孩子自体形成的重要性，另一方面就是双亲的工作活动对孩子的自体形成的重要性。而且，分析师也不能在缺乏帮助的情况下，公平地面对改变中的社会因素并作出普遍而相对的检视；而与这些社会因素相关联的变化中的心理疾患，面对着不同时代的深度心理学者。对于来自相邻学科的科学家们，这是一项任务；在这样的任务中，尤其是社会学者与深度心理学者应该为了最大的利益一起合作。如果缺乏来自相邻学科同侪的帮助，分析师将没有办法发现重要问题的答案：比如说，关于若干社会因素［有人可能会称之为心理趋向的（psychotropic）社会因素］的优势之间所倾向介入的时间长度——就像是工业化，或者是逐渐增加的妇女就业，或者是因为父亲的离家就业所导致父亲影像的若干部分（sectors）模糊化（见A. Mitscherlich, 1963），或者因为战时父亲的缺席而导致其广泛地模糊不清［（见Wangh, 1964），在1914至1918年的战争中，关于父亲从家庭中缺席所造成的心理后果］——上述是一个面向；而另一个面向是上述的社会因素所导致的个人心理上的改变——主要人格模式的转变，或是心理障碍的主要形式的转变。但不管社会的决定因素是什么，以及无论这些因素造成个人心理多么复杂且延迟的影响，分析师很少怀疑的是——至少在相关领域，他能够基于临床经验而作出推论——一种心理改变正在眼前这个时代发生。①

为了重复先前的论述并再加以扩张：过去惯于被体验为威胁地亲近的环境，现在越来越被体验为威胁地远离；过去孩子被双亲的情感的（包括性欲的）生活过度刺激，现在他们经常被过少刺激；过去孩子的性欲目标是获得享乐，且因为俄狄浦斯集合体中双亲的禁抑与竞争导致内在的冲突，现在很多孩子寻求的是性欲刺激的效果来减轻孤独、来填补情感上的空虚。但是，这些成人环境的改变不仅是透过其直接的影响，造成现在的孩子若干核心体验——尤其包括其性体验——的意义的改变：它们也透过改变孩子与其他孩子的关系的意义，来间接地发挥其影响——可以附带一提，这些关系可能开展为未来的成人生活中，面对朋友、同事与家人的态度的最终模式。②这样的互动可以是健康而令人兴奋的，如果孩子向其他孩子移动的基础是来自情感上的安全感，而此安全感的提供是借着与其成人的自体—客体的稳固而持续的关系；这些互动可能把孩子卷入严重的冲突，而形成后来的结构疾患的核心，即使双亲在自体—客体角色上的功能适当

---

① 关于我已经投入的心理社会的探索，这里我想要表示一些评论。首先，在勾勒人类主要的心理任务的转变上，我忽略了一个历史时期——有人会称之为前心理的时期——其中人类的能量仍然几乎全然地指向着其生存的外在威胁的应对尝试。第二，我把我的反思局限于这样的人群，他们是密集定居的，是或多或少高度工业化的西方民主政体的世界。然而，我要在第二点评论附带说的是，我的印象是很快地——就宽阔地历史角度来评估——目前只能在我们的西方民主政体中所感受到的心理问题，也将开始被这样的人群感受到；他们可能处于权威统治之下，或是在未开发的、社会组织不同于我们的地方。

② 被剥夺了可理想化双亲的孩子会理想化其同侪团体，关于这个现象的讨论可以参见布朗芬布伦纳（Bronfenbrenner, 1970, pp. 101~109）的著作。

地发挥，他们对孩子在客体—力比多的领域仍然是创伤的；而且这些互动可能在客体—力比多的领域，特别是自恋的领域为了防御的目的服务。关于最后提到的可能性，清楚的是孩子经常从事单独的性活动以及团体的、带有性的、类似性的与性欲化本质的活动，以尝试减轻源自镜像的与理想化的自体—客体的不可得而产生的倦怠与抑郁。这类活动是一些抑郁青少年的狂乱的性活动（参考vom Scheidt，1976，pp. 67~70）以及成人的性变态的前驱物。过度刺激与倦怠的混合而交替的状态，这幅图像是这类创伤情形的特征，而且有时候会出现在移情之中，尤其是所谓的移情"性欲化"——我相信，这种状态总是被错误地视为因为俄狄浦斯的阉割恐惧而激发的［反畏惧的（counterphobic）］阻抗。

回到孩子的自体与其自体—客体间的关系的检视，我们确实认为，过去盛行的过度刺激与今日广泛流行的过少刺激，两者都是双亲人格障碍的表现；因而结构病理与自体疾患都是源自相同的病因。广泛来说，这样的说法是成立的。但是，导致孩子结构官能症的倾向，与导致孩子自体疾患的倾向，二者的双亲的致病人格是不同的。

因为双亲的过度亲近而产生的过度刺激，是结构型障碍的起源之决定因素；而过度亲近是双亲的结构官能症的表现，是官能症的冲突借助于孩子的见诸行动。双亲在这个领域的致病效应已经被广泛地探究[3]而不须在此多加讨论。

---

[3] 艾克霍恩（A. Aichhorn）在一封给艾斯勒（R. S. Eissler, 1949, p. 292）且被摘录的信中，最简洁地表达了这个看法。他写道："家庭内部的平衡，是以孩子为代价来维持，他们过度负荷着……，发展成为少年犯（delinguent）或是官能症患者。"以心理治疗达成的治愈结果，艾克霍恩又提到，孩子现在"防御自己免于力比多的过度负荷，而原来为了自身的目的而滥用孩子的家庭成员将会官能症地崩溃。"这段对于潜伏官能症的、过度刺激的双亲需求的描述，以及当孩子"防御自己"而他后来表现为官能症的描写，应该与之前提出的类似思考做比较：前面的思考是关于带有潜伏的自体疾患的双亲需求，这种双亲促成与孩子的融合，而当融合被打破以后双亲表现出严重的自体病理（见本书第四章的注⑯）。

因为双亲的远离而产生的过少刺激，是自体疾患的致病因素；而过少刺激是双亲的自体疾患的表现。在很多案例中，困扰于自体疾患的双亲，相当明显地与他们的孩子隔离；因而容易了解的是，这样的双亲剥夺了孩子所需的神入镜像，以及其理想化需求所需的有回应的目标。然而，在其他案例里，来自双亲的自体—客体对孩子的剥夺不容易被清楚地分辨——确实，以行为来评估，这些双亲对他们的孩子给予过度亲近的表象。但这样的表象是欺骗的，因为这些双亲不能回应他们的孩子改变中的自恋需要，不能借着参与孩子的成长来获得自恋的满足，因为他们为了其自身的自恋需求而利用孩子。

让我们拿不能对孩子要求说"不"的双亲作为例子。这种无能为力可以在驱力心理学的架构下得到解释，理由是这些双亲不能容忍自己给孩子挫折，因为他们不能容忍自己受到挫折；或者是他们嫉妒孩子的驱力满足，因而卷入虐待孩子冲动的麻痹性冲突之中。虽然某些双亲无法对孩子说"不"真的是因为结构冲突，因而可以在驱力心理学的架构下被适当地解释；但有其他不能说"不"的双亲是因为他们害怕其受挫的孩子的愤怒，而孩子的愤怒是下列事实的展现：孩子的自体正开始阶段——适当地变得与成人的自体分离，变成一个独立的自发中心。换句话说，这类双亲的困难不是关于挫折其孩子的驱力—欲望的冲突；他们也并非避免受挫的孩子的愤怒，而此愤怒被视为一种危险的驱力的令人害怕的表现——他们不愿放弃与其孩子的融合—纠缠（merger-enmeshment）的关系，是因为他们本身自体的缺陷情形，这类双亲仍然阶段—不适当地需要保有孩子作为他们本身自体的部分。这些并不是凭直觉而得到的结论——孩子成长中的自体所需的需求变化，可以根据精神分析治疗中自体—客体移情的展现而更清晰地加以重建。正是童年期的自体与自体—客体的再活化与重建的关系，并加以神入的审察；而非体验—远离的理论化，不管其结果可能多么有吸引力而受欢迎；我们才能发现若干个案中，看起来过度亲近的成人与孩子的关系，其实模糊了孩子根本上的孤单，也就是模糊了这个事实：不论是孩子骄傲地展现的表现癖或是热烈表达的理想化的需求，都未被阶段—适当地回应，而孩子也因而变得抑郁而孤单。这样的孩子自体在心理上是营养不良的且其统整是脆弱的。

此处应该补充说，心理趋向的（psychotropic）社会因素与这些因素影响下而发生的主流的人格模式及主要的精神病理，彼此间的关系是间接而复杂的——这必定不能以类似于直接与相对来说简单的因果关系来概念化，而这样的因果关系存在于双亲特定的人格结构与精神病理以及他们孩子得到的特定的人格结构与精神病理。假如用我们当代类似的心理趋向的动力学，比较结构型疾患与自体疾患这两类双亲，当他们的孩子处于布鲁尔（Breuer）与弗洛伊德做出其前瞻观察——让我们假设是近一百年前——的时代的社会情形，所受到的心理趋向的影响，我们可以尝试地综合论述出几点差异。在19世纪的后半叶，困扰于结构疾患的双亲所产生的致病效应特别地强大，因为在紧密结合的家庭情境限制下，双亲将内在的冲突见诸行动于他们的孩子的机会特别高。然而，那个时代困扰于自恋的双亲，可能比较没有机会剥夺其孩子需要的自恋养分，因为——有鉴于像是大家庭的流行因素，或者仆人④的存在而构成家庭的部分，尤其在中间阶级、上

---

④　对弗洛伊德时代，也就是这个世纪之交的仆人对于孩子形成中的人格组织的影响，现在要开始可靠而系统的研究可能太迟。我的假设是，仆人的存在倾向于增加被过度刺激的孩子的情绪上的负担，但倾向于反制自恋剥夺的影响；这个假设被以下的事实支持：至少在那个时代的维也纳中间阶级，仆人一般都是年轻、健康且未婚的村姑，她们在大都市中没有亲戚，且变得深深地卷入她们所服务的家庭。而且孩子变成这些情感上被剥夺的年轻女性的情感目标；这个事实在一方面来说，增加了孩子情感上过度负担的可能性；但就另一方面来说，它也反制了自恋性障碍的双亲的孩子所面对的过少刺激与情感孤立。虽然在欧洲与北美的中间阶级社会，仆人的角色对孩子的体验的重要性如今已经改变，世界上还有一些区域——例如某些南美国家——其间的情况可能仍然类似1900年的维也纳，容许对这个问题进行社会心理学上的探究。

层—中间阶级,与(较低阶的)上层阶级的社会阶层,提供了深度心理学的先驱者的病人的主干——这类双亲的致病人格倾向于被反制。今日的世界中,关于这两大类型的心理障碍的心理起源学,反之亦然。尤其是自体病理的频率增加,可以被这样的事实解释:相关联的心理趋向的社会因素——小家庭、家庭中双亲的缺席、仆人的经常改变,以及家中使用仆人的减少——不但对孩子来说,促成了过少刺激且孤单的环境,并且／或者把孩子暴露在困扰于自体病理的双亲的致病影响下,而没有有效减轻的机会(特别当自体病理并非广泛而明显的——也就是当家庭的其他成员未曾感到被迫去采取治疗的行动)。

然后,有关社会因素所施加的心理趋向的影响,对于近代所面对的人格模式的改变,我所提的假设,很清楚地必须只采取相对的意义来看;也就是说,我只是对逐渐减少的结构疾患及同时逐渐增加的自体疾患提出一个解释。这些情况需要更多的深入检视;而我对改变中的社会因素的本质所尝试提出的综合论述,或能解释改变中的双亲的自体—客体基质,且因而能解释后续世代中的精神病理形式的数目分布的改变;以上论述需要清楚地透过社会科学家与历史学者加以严格的评估,而他们要有良好的精神分析训练背景。然而,现在俄狄浦斯病理的案例比较少见,反而碰到自体病理的案例的机会增加,对我来说是植根于稳固的临床经验——虽然我不相信深度心理学的第一次探究,就有可能在目前对这个问题提出确切的答案,那就是从俄狄浦斯病理到自体病理的改变是否已经开始发生。尤其是对先驱者的个案报告的再检视,对于可得到的资料充满了诠释偏差的危险。只有透过观察者对揭露的临床材料加以长时间的神入浸润,而且当观察者置身于客体—本能或自体—客体移情之中,对俄狄浦斯病理的资料以及对自体病理的资料予以开放地感知,才可能导向可靠的结论⑤。

　　如果目前自体病理处于增加状态是真的，那我们将能了解为何精神分析作为科学，相较于任何其他的学科更能与个人最深的关怀做接触，正把其注意焦点从已经细心探究的人类内在冲突（尤其是有关压抑的俄狄浦斯期与其他的乱伦驱力）转移开来；以及为何精神分析正开始比较注意对自体的变迁的探究。而我们也将了解，为何关于驱力与防御的动力学、潜意识、心智的三部分（tripartite）模型、客体—贯注、认同等理论，能够适当地作为个人的结构冲突的解释架构，现在必须被补充——我再次强调，如深度心理学的互补性原则所表达，保留了双重解释取向——以关于自体—崩溃、核心自体、自体的成分、自体—客体关系、转变内化作用等等的理论概念，而这些概念能够用来解释我们时代的主要病理。

　　总结来说，我认为人类社会环境的每个改变，都让人面对新的适应任务；而可以称之为新文明的黎明的改变程度，所给予人类的要求当然是特别地强大。为了要确保人类在新环境的生存，人类的某些心理功能不仅必须超时地工作，它们还——这里我思考的是数个世代的任务——必须在人类的精神组织达到优势的位置。人类有无创造新的适应结构（或是增强已经存在的结构的力量）的能力，将决定人类的

---

⑤　一种精神病理的形式（结构官能症）的盛行转变为另外一种（自体病理），如我之前所说，这样的转变是非常缓慢的，而且我们没有可靠的方法加以定量地估计这种已经发生的改变程度。用问卷来询问分析师的做法，关于其分析的主要个案，其中是自体病理而非结构冲突的病理的百分比，在目前无法给我们满意的结果。那些为了各种不同的原因，拒绝了自恋型人格障碍与其他自体障碍的诊断类别的分析师；他们仍然确信所有可分析的精神病理，最终且本质上都是因为俄狄浦斯期客体—本能欲望的冲突；他们的报告将会说没有看过任何的自体疾患。在另一方面，那些对于新获得的自体心理学的领悟，还活在蜜月期中的分析师，倾向于高估自体精神病理的发生率。而即使他们的判断没有偏差，或是在他们真正整合其新动识之后而变得没有偏差，这些认知到存在着两种可分析的心理疾病形式的分析师，他们可能会吸引到高于平均数的自体病理病人。

成功或失败——的确，其心理的存活或死亡。

最后，我必须承认，如果分析师忽视了人类的精神组织的转变，而如我所认为的转变已经逐渐发生；那么当他面对我们时代所赋予的临床上与技术上的问题，他所持的态度将会是表浅的，而所提的答案也将会是错误的。我在本章开头所说的话，现在再重复一次：假如分析要维持的是人类理解其自身的尝试的领导力量，那么当它面对着新资料以及新任务的挑战时，它必须以新的领悟来回应。

两种心理上治愈的概念

　　先前的考量与作为治疗者的分析师所必须处理的个案的心理问题，二者间绝非毫无关联。确实，我相信存在着两大类型的可分析的心理疾患——每一种都需要不同的分析焦点，以及不同的分析探针来测量治疗的成败——关于我这样的主张，只有在我已经讨论过的心理社会改变的背景下加以检视，才能充分欣赏其意义。应对新而未知的文化疆域所需的特定而广阔的适应任务，并因而活化的特定的精神内部区域，一方面决定了人最强烈的焦虑形式及其最深的恐惧内容；另一方面也决定了人最强烈的欲求形式及其最中心的目标内容。因此，如果我们不能确立病人的最大恐惧——不管是阉割焦虑或崩溃焦虑——及其最迫切的目标——不管是冲突的解决或自体统整的奠立——或者，用不同的术语说，如果我们忽视了这样的问题：分析是否已经使病人能够执行那些核心的心理任务，而他能够通过这些任务来奠立其心理存活的确保情形；那么，我们对治愈及分析的适当结案之概念，就无法有令人满意的定义。因为，过去的心理健康是通过内在冲突的解决而奠立；而治愈，不管就狭义或广义而言，过去都被视为借着意识的扩展而达成所谓的冲突解决。但是，因为现在的心理健康的达成，越来越多是通过先前碎裂的自体的愈合；而治愈，不管就狭义或广义而言，现在也必须借着自体—统整的达成来评估，尤其是靠着对回应的自体—客体的重新建立的神入亲近，以达成自体的重建。

　　我们的自体——或者应该说：我们的自体的特定情形？——不但广泛而且深度地影响了我们的功能、我们的福祉，及我们的生命过程。就如之前我在讨论中年后期的抑郁的意义时，我所说过的话——但这个关键点值得被重述一次——在一方面，有很多自体巩固不良的人，虽然没有症状、抑制与令人失能的冲突，但他们过的生活是缺乏欢乐与成果的，并且诅咒其自身的存在。而在另一方面，有些人具有巩固且奠定良好的自体，虽然有严重的官能症障碍——而且有时候他们甚至有精神病的（或边缘型的）人格⑥——过的生活是值得的，且受惠于实现与欢乐的感觉。正是位于人格的中心位置的自体，涵盖了其对我们生命的广阔影响；且正是这样的中心位置，解释了即使是自体病理的相对少量的改进，也能为我们的病人带来福祉的巨幅增加。但缺乏这样的改进——无论分析可能多么成功地清除症状与抑制，透过因果的、动力—起源的取向来探究——病人将仍然是未实现的与不满意的。

关于这第二类的病人，分析师基于理论上的信念，认为病人的精神病理必须在冲突心理学与心智的结构模式架构下加以理解；因而他们倾向于带着谦卑的现实主义而耸耸肩膀，用他们已经在可能的范围内尽了力的想法来安抚他们自身。他们用弗洛伊德（1923a，p. 50n）的话说，他们所能做的就是为病人开放新的选择；或者他们会再度用弗洛伊德（Breuer and Freud，1893—1895，p. 305）的话说，他们改变了官能症的"悲惨而成为平常的痛苦"（misery into common suffering），而他们原本对此毫无掌控之力。

我相信这些限制的部分，可以用不同的角度来看——病人持续不能做出正确的选择，以及不幸的情境所加诸其身上的痛苦持续不能改变，至少（或许是很多）在一些案例中并非因为无法改变的内在与外在因素的结果，而是由于可治愈的自体病理。只有渐增的临床经验，尤其是来自自恋型人格障碍的分析的追踪研究资料，将会为我们可靠地回答前面论述所提出的问题。

我自己对于这个领域的可能进展的评估，是得自于对自恋型人格

---

⑥ 这里我所指的病人，他们的自体在他们生命的很长（创造的）时间中，摆荡于（1）严重且持续的碎裂或脆弱，以及（2）坚固的统整与稳定之间。

障碍的病人之分析体验，大致上是乐观的⑦。我并非相信任何人都可以学习到总是做出现实的选择，也就是这样的选择完全合乎病人所具有的内在能力，以及合乎开放给他的外在机会；这样的选择服务于他的原则或充分地支持其可达成的目标的追寻；我也不相信任何人都可以学习到决不从令人不悦的任务中撤退；我也不认为任何人都可以因为更有活力的自体体验的力量，变得有能力来完全免除于错误的乐观主义或其他的错觉。我也并非主张，任何人透过分析确实获得了强壮而统整的人格中心之后，将因而能够根据其最深的目标与最高远的理想，而无穷地面对其环境。尽管我们增加了对自体病理的注意，或增加了不同病理形式的分辨能力，并增加了开放其适当的修通过程的能力，但我们不必期待之后会产生奇迹。但我确实知道，这些病理形式通过适当进行的分析，所有先前提到的领域得以改善的潜力将会普遍地大幅增加。

通常，分析师与被认定是弗洛伊德的一句话（Erikson，1950，p. 229）一致，相当宽松与非科学地，把心理健康定义为一个人工作与爱的能力。在自体心理学的架构下，我们对心理健康的定义不只是免于官能症症状与抑制的自由，而这些症状与抑制对参与到爱与工作之中的"心理装置"的功能产生了干扰；心理健康同时也是稳固的自体随其意志运用其才能与技巧的能力，使其能够成功地爱与工作。

这两种参考架构——心理装置心理学与自体心理学——容许两种不同但互补的心理健康之定义，现在也将帮助我们对两种可分析的精神疾患类型之治愈的概念，综合论述其区分的定义。在结构冲突的

---

⑦ 我知道，任何心理治疗师不管正确地或错误地有这样的信念都是危险的：亦即他有某种新东西要提供给他的病人，根据的是分析师的狂热且借着建议来达成治愈（参考本书第一章的注⑤，对于弗洛伊德早年成功的评论）。但我相信我对于这种危险的觉察，保护了我的病人免于我的信念的不当影响。这样的思考是因为要促成病人的改善，总是要透过耗费时间的、坚忍的工作；而且，尽管对于病人的生活有可定义的且经常是正向的影响，但无论如何这些改善总是不完全的。

案例中，已经达到治愈的主要指标，一方面是病人的官能症症状与抑制的消除或减轻，另一方面是病人有相对的自由以免于官能症的焦虑与罪恶感。而且大致来说，这类案例的良好分析所获致的正向成就，将会被这样的事实证明：这些病人如今能够比以前更敏锐地体验到生活的乐趣。然而，在困扰于可分析的自体病理形式的案例中，已经达到治愈的主要指标，一方面是病人的疑病、动机缺乏、空虚的抑郁与倦怠、透过性欲化的活动来自体—刺激等等的消除或减轻，另一方面是病人有相对的自由以免于过度的自恋脆弱（例如，对于自恋伤害倾向以空虚的抑郁与倦怠，或是以变态的自体安抚活动的增加作为回应）。而且大致来说，良好分析所获的正向成就，将会被这样的事实证明：病人如今能够更敏锐地体验其存在的欢乐，而且即使缺乏乐趣，他也会认为他的生命是值得的——有创造力的或至少是有生产力的。

在这两种精神病理的形式之间，我是不是做了过度的对比？或许是。但我认为与其冒着暧昧不清的风险，不如冒着过度图式（overly schematic）的风险。临床经验将会补充展现两种不同形式的精神病理间的妥协，也就是说，临床经验将会证明存在着混合的案例，也会教导分析师的注意力从一种领域转向另一种领域。

艺术家对自体心理学的预测

有另外一条思考路线支持着这样的主张：自从1890年到1900年间关键的十年，在决定精神分析的发展方向的基本论述已经被奠定之后，人类的情形已经发生重大的改变。这条思考路线基于这样的假说——我应该称它为艺术的预测的假说［在我1973年发表的演说中，它第一次被描绘出来（见Kohut，1975a，pp. 337~338）］——艺术家——至少是伟大的艺术家——在聚焦于其时代的核心心理问题上，在一特定的时间中回应人类所面对的关键心理问题上，在对于人类的首要心理任务作出发言上，超越了他的时代。依据这个假说，伟大艺术家的作品反映了他的时代的主要心理问题。可以说，艺术家为他的时代作出代言：他们不仅代表了一般大众，甚至也代表了社会心理学上的科学探究者。

与我们现今艺术上的核心挑战做比较，过去的艺术——我所思考的特别是19世纪下半叶与20世纪初期的欧洲的伟大小说家——处理的是内疚人的问题——俄狄浦斯情结的人、结构冲突的人——从儿童期起强烈地卷入其人类环境，被他的渴望与欲望所痛楚地测试。但是，现代人的情绪问题已经转移，而现代伟大的艺术家最先深入地对人类新的情绪任务作出回应。就比如是被过少刺激的小孩、被回应不足的小孩、被剥夺了可理想化的母亲的女儿、被剥夺了可理想化的父亲的儿子，这些如今都变成西方世界人类典型的中心问题；因此这种儿童的粉碎的、崩溃的、碎裂的、脆弱的自体，与后来成人的易碎的、脆弱的、空虚的自体，都是现今伟大艺术家们所描绘的对象——透过音调与文字、借着画布与石头——而且他们尝试要加以治疗。制造混乱声音的音乐家、写作分解的语言的诗人、创作碎裂的视觉与触觉世界的画家与雕塑家：他们都刻画了自体的崩溃，而且透过碎片的重组与重新安排，来尝试创造出具有整体、完全与新意义的新结构。他们之中最伟大的人物所传递的信息——或许是毕加索，或是埃兹拉·庞德（Ezra Pound）⑧——可以借着如此的视觉原创性来表达，透过如此非传统的方法的运用，然而这些信息仍然不容易被理解。但有其他人用比较容易理解的方式，靠近我们来说话。Gregor Samsa是卡夫卡《变形记》（*Metamorphosis*）一书中的蟑螂，可以作为这样的例子。Gregor是一个孩子，而他所在的世界从未被自体—客体的神入欢迎所祝福——他的双亲以单数的第三人称、非人称的方式谈到他；而如今他是一个非人的（nonhuman）怪物，即使在他自己的眼中。另外，卡夫卡的K，他可能是我们这个时代的每一个人，投入于对意义的无尽的追寻。他尝试要接近权力上的伟大人物［那些成人、居住于《城堡》（*The Castle*）之中的双亲］，但他无法达到。而在《审判》（*The Trial*）⑨一书中他死亡了，仍然在寻找着可赎罪的、至少是可理解的罪恶——昨日的人之罪恶。他不能找到它；因而他的死亡是无意义的——"像一条狗"。尤金·奥尼尔（Eugene O'Neill）⑩是新世界（New World，意指美国）所产生的最伟大剧作家，在他的作品中［尤其在他后期的剧作《送冰人来了》（*The Iceman Cometh*）与《长夜漫漫路迢迢》（*Long Day's Journey Into Night*）］也处理了人类首要的心理问题——这个问题就是如何治愈其破裂的自体。而且，在艺术上我还没有发现比奥尼尔的剧作《伟大之神布朗》（*The Great God Brown*）中所写的三句简洁的话，对于人类达成自体的重建的渴望描述得更为精确而犀利。这些话是布朗在接近其长夜漫漫路迢迢的末尾，在经历对自体本质的不确定感的折磨一生后所说的："人生

---

⑧ 译注：庞德（Ezra Pound，1885~1972），是美国最重要的诗人之一，对现代文学的贡献非常大。对艾略特、乔伊斯，与海玥威曾多有提携。

⑨ 译注：《变形记》《城堡》《审判》是卡夫卡的三本小说。

⑩ 译注：奥尼尔（Eugene O'Neill，1888—1953），美国剧作家，爱尔兰移民的艺人之子，生于纽约，在普林斯顿大学退学后成为船员，流浪各国。《长夜漫漫路迢迢》是他的自传式长篇剧作，于1956年他死后三年上演，曾获1936年诺贝尔文学奖。

而残缺。他因为修补而存活。上帝的恩宠就是胶水。"（Man is born broken. He lives by mending. The grace of God is glue.）现代人自体病理的本质，可能被陈述得更传神吗？

关于艺术家预测到其时代的主要心理问题，我这样的假设当然并非意味着其中没有个人的动机。米开朗琪罗、莎士比亚、伦布兰特、莫扎特、歌德、巴尔扎克，每一个人都被深植于其人格的动机所推动，朝向他特定的艺术目标前进。然而，无论其个人的动机为何，他们也都表达了其特定时代的首要心理问题，就如同我们现代最伟大的艺术家所做的一般。

这些创作者，像是亨利·莫尔、奥尼尔、毕加索、斯特拉文斯基、庞德、卡夫卡⑪等的作品，即使在一百年前都还是不易理解的——但现在对通晓于其讯息的我们来说，这些作品是大胆的、深刻与美丽的；而且我们可以感受到，他们与我们时代的最深刻问题⑫有真正的共鸣。

我们当然还能够崇敬地与歆羡地理解，过去伟大艺术家作品的

---

⑪ 对我而言，陀思妥耶夫斯基（Dostoevski）所占有的特定的过渡位置更难加以界定。他的作品处理的是结构冲突——俄狄浦斯情结与罪恶感。然而它们也刻画了这样的事实：面对这些问题的正是虚弱的、破裂的、勉强整合的自体。对陀思妥耶夫斯基一些作品的研究——例如《白痴》（The Idiot），或是《替身》（The Double）——将帮助我们理解一些偶然碰到的被分析者，他们不能如同大多数主要困扰于结构官能症抑或自体病理的案例一般来趋近；他们需要的是对两种同时存在的病理进行神入的理解。

⑫ 主张伟大的艺术家能够以穿透人心的力量对同代的人发言，而他不可能再以同样的方式对后代发言；这样的主张对某些人来说似乎很荒谬，而对另外一些人来说又是一种亵渎。在这种主张的背景下，我提议用普鲁斯特的描述作为例子，关于夏吕斯男爵（Baron de Charlus）对圣优福特女士（Mme.de Saint-Euverte）的谦卑的问候（Vol. Two, pp.986ff.），现代的读者可以把这段描述体验为旧时代中自体的悲剧性崩溃的更为亲近而感人的版本，相较于那些文学上无法超越的巅峰所包含的版本，像是莎士比亚的《李尔王》与索福克勒斯（Sophocles）的《克隆那斯的俄狄浦斯》（Oedipus on Colonus），而普鲁斯特自觉提及这些巨作。

形式上的完美；而且因为这些作品表现出一个时代的本质，其中个人的统整自体的欲望与冲突泣求着表达，我们也可以感受到其作品的真切而深受感动。更甚者，虽然因为社会历史的改变而导致人类的心理情境有很深远的改变，但人类的本质仍然没有太大的改变，容许我们对过去搭起理解的神入桥梁；我们持续能够对过去的艺术版本加以回应，虽然其中的心理世界问题不再是今日人类世界的中心。然而，我对此毫无疑问：对于过去主要的情绪问题的新的艺术解答发现所引发的兴奋，虽然被这些伟大艺术家的同时代的人们所体验，但我们不再能够获得同样的兴奋。

确实，偶尔有一些伟大的艺术家，他们的个别性至少是暂时地把他们带离其时代的主流。而且他们所创造的作品，奇怪地超越了其时代所可理解的视野。此处就我的记忆所及，这类被威胁的自体的挣扎所引发的深沉召唤——或许因为年老、身体衰退、死亡的迫近的冲击——比如是利奥纳多（Leonardo）的"大洪水"（Deluge）系列、米开朗琪罗的"圣母抱子像"（Pietà Rondanini）[13]，与贝多芬的降B大调弦乐四重奏（大赋格），作品133。虽然这些作品的创造是在多年以前，但它们还是现代的艺术。克莱斯特（Kleist, 1811）的评论《论木偶剧》（*On the Marionette Theatre*），以及他的另一部作品《米夏埃尔·科尔哈斯》（*Micheal Kohlhaas*）（1808）的一部分，都处理了碎裂中的（或深度受伤的）自体问题，因而这些作品也可以被认为是"现代的"艺术。然而，尽管这些个别的创作如此伟大，它们在心理

---

[13] 不仅是"圣母抱子像"（Pietà Rondanini），米开朗琪罗在最后的时期，许多其他的巨大雕像都保持未被完成的状态（在Accadèmia中的Slaves、在Santa Maria del Fiore中的Pietà）。而且正是这些雕像的未完成状态，深深地打动了现代的欣赏者（虽然对于米开朗琪罗同时代的人们来说可能并非如此）。上述的事实让我想到，年老的艺术家用这样的方式表达他自身渐增的自体—崩解的体验。特别的是，弗洛伊德（1914b, p. 213）对那尊摩西的雕像有最深的感动——一个强壮的、充分统整的自体的完成版本。

上并不属于它们所被创造的年代——它们仍然是人类的艺术生命中孤立的火花——回顾来看，只有到了现在，我们才能对这些作品有深入的回应。正是现代的观赏者、倾听者，与读者——在自体濒临危险的年代中，孩子所具备的眼睛与耳朵与反省的思考——使这些艺术创造从它们所被孕育的个别意义的基质中脱离出来，并把它们转变为现代艺术。

论弗洛伊德人格的影响

　　精神分析必须借着创造新的概念工具与治疗技术,来回应现在新面临的资料——现在的分析需要自体心理学——这样的命题本身需要审思。严格来说,很清楚地,现在我们所面对的资料并不是真正全新的。但是,就如同先前关于社会心理的改变的讨论,以及上一段有关现代艺术的焦点转移的评论所表明的,我们不是要提出这种形式的问题。我们并不是要问,自从弗洛伊德作出分析的基本理论的论述后,是否自体的疾患重新发生——甚至去思考这样的可能性都会是可笑的。有鉴于西方人的首要心理问题的转移,从受罪恶感折磨的过度刺激与冲突的领域,转移到内在空虚、孤立与未实现的领域;我们是在相对意义上提出问题,亦即是否自体的疾患已经超越了冲突官能症;或者用不同的话说,即使自体的疾患尚未在绝对数目上或相对比率上增加,它们现在是否更强烈、造成更大的痛苦,或在现今更为重要?或者,具体来问,至少在理论上借着实证基础的研究,是否有可能得到下列问题的答案。我们要问的是,即使在分析刚开始的探索年代,虽然一定存在着很多这类困扰于自体疾患的病人;但他们很多人可能并没有找寻当时分析师的帮助,或者另外一个可能就是,当时的分析师只是过于忙碌于挖掘移情官能症所提供的心理金矿(psychological gold),以致无法对其他的疾患投入强烈的研究兴趣。

　　对这些问题,我不可能提供确定的答案。而且虽然我一般不喜欢在这样的情境脉络中,使用"绝不"(never)这样的字眼,但我会没有犹豫地说,这些问题的确定答案绝不可能得到。

　　但我们还有一项任务。有鉴于分析有一段很长的时间都是一个人的工作,对于以下的问题,我们必须尽量求取清楚的答案:关于我们可不可能在弗洛伊德的人格中分辨出任何特征——除了主宰19世纪后期的科学的思考模式所加之于他研究取向的影响,以及除了他所聚焦的心理问题确实盛行于他的年代——并找出导致下列两个现象的因素中，其人格特征所扮演的角色：对于分析变成驱力及大规模的整合结构的心理学，以及分析从一开始的研究方向就不是自体的变迁。换言之，我们必须考虑这样的可能性，亦即弗洛伊德的人格决定了有关其聚焦的实证资料的偏好，并决定了他认为恰当的理论类型的偏好。

此处的讨论需要写另一本书，但我将不会写它。我认为一瞥与我们的问题相关的弗洛伊德的某些人格面向，就已经足够。

首先，有一些关于弗洛伊德的自恋脆弱性的评论，或更精确地说——既然自恋脆弱性是人类一种普遍的负担，是无人可以免除的人类情形的一部分——是关于所牵涉的特定精神领域，及关于他处理其人格中此一面向的方式。对于绝大多数人最容易体验为严重自恋伤害的那种自恋打击，弗洛伊德是最不敏感的（或最受保护的）：他不仅能够承受攻击（对他本身与对其工作），并能忍受轻视的态度与排斥；而且我相信他在这种情况下甚至更特别能够自我安抚与自我肯定。对这种看起来吊诡的事实，我认为的解释是在这种情况下，弗洛伊德对他最敏感的那种自恋伤害是保护的；而且他必须最强烈地保护他自己来对抗这种伤害。

弗洛伊德没有认为他自己是个伟人，虽然他毫无疑问是个伟人（参考Jones，1955，p. 415）。我相信他没有能力感觉其自身的伟大——与其他相关的症状组合起来，像是他对于被注视的困窘："我不能忍受一天被人们注视八个钟头（或更多）"（1913b，p. 134）。他过度敏感于其他人或病人可能会因为被注视而困窘："如果弗洛伊德不想借着注视他们而使其困窘，他经常会把他的眼光对准中间桌上的人物肖像。"（Engelman，1966，p. 28）他对于照字面的意义接受赞美并恭维做出愉快的反应有过度的勉强；他公开躲避庆祝仪式；他想要将已建立的理想化评价缩减为实物尺寸的渴望，例如，参考他在1936年10月8日给宾斯万格的信（Binswanger，1957）——上述都是他人格一部分，也就是自恋的部分（sector）的展现，而他尚未在他的自我分析中充分地加以分析。因此他并未对这个心理部分达成充分的领悟与控制，反而对弗利斯（Fliess）、荣格与其他人执行了这样的要求（见Kohut，1976，p. 407n）。弗洛伊德不能自在地接受赞美与庆祝的证据有很多，只要熟悉他的传记之人，都可以毫无困难地发现。不提别的，只要说弗洛伊德自己认知到这个倾向就足够了；例如，当他说他不喜欢变成一个庆典的"对象"（object）（Binswanger，1957，p. 108）。我的注意力只集中于一个很有特色的特征：当弗洛伊德感觉暴露于公开的赞美或歆羡，他似乎就被迫以冷酷客观的肯定来反应（例如，Jones，1955，pp. 182~183，415）或以嘲讽来反应——即使他最后还是接受了赞美。〔弗洛伊德使用嘲讽作为防御的明显的例子，见他1916年5月7日给赫斯曼（E. Hitschmann）一封其他方面温暖的接受信。这封信的开头是，"一般只有在中央公墓的丧礼致辞，才能像你没有发表的演说的美丽与深情"（E. L. Freud，1960，p. 311）〕无论这些态度可能多么合乎理性——而且无论把这些特征理想化为真正伟大的记号，是多么有诱惑力——我根据对类似行为的广泛的临床经验，毫无疑问地认为，这些特征显露了一种清楚界定的脆弱性——更精确地说，是一种对过度刺激的恐惧——在于自恋的部分，在于暴露表现癖的领域。

　　与目前的情境脉络相关的，是弗洛伊德人格的另一个面向；就是他无法开放自己来接受音乐的体验，以及接受现代（20世纪）艺术的体验。或许有人宣称，这些特征可以部分地被解释为一种启蒙年代（Age of Enlightenment）的人的面向——但我相信，主要的因素在于弗洛伊德。正是他的人格，决定了他对思考内容的偏好，对清楚定义的与可定义的（definable）偏好。正是他的人格，使他逃避那没有内容的形式与强度，与无法解释的情绪的领域。

关于弗洛伊德没有能力让自己投身于纯粹音乐的体验⑭，我没有太多要说的，除了这一特征似乎与他的才智与人格的一般倾向相一致。他知道自身身上的这个缺陷，但是——然而对我来说是理所当然——他满意于这样的结论，就是这个缺陷形成了他必须付出的不可避免的代价，为了他最大资产所在的其他人格面向。他说（1914b, p. 211），艺术作品一般会对他造成强大的影响，只要当作品能使他对自己解释其所造成的效果的理由。而且他继续说道："只要我无法对自己解释，就像对音乐一样，我就几乎不能获得任何乐趣。在我之中，某种理性主义的（rationalistic），或许是分析的心理气质，会被一件事情感动而反抗，我却不知道为何我深受影响，或是不知道什么影响了我。"虽然，检视下列的问题很吸引人：就是弗洛伊德对音乐反应的限制，在何种程度上是一种代偿结构的展现，以及在何种程度上是防御结构，在此我不会深究这个主题——尤其有鉴于弗洛伊德对音乐的态度，最近已经变成其他人研究的对象（K. R. Eissler, 1974; Kratz, 1976）。我希望这些人将会持续检视相关的问题。一般而言，我感觉弗洛伊德对音乐体验的限制，虽然清楚地具有深度的意义，但不应该被视为一种缺陷，而是他人格中一种特殊的特征——一种坚定不移的、需要理性主宰而定义的人格。

关于弗洛伊德对现代艺术的态度，情况就有些不同。此处我们所面对的，并非他对于其无能与抑制有轻微的懊悔，而是带着拒绝与戏弄的态度，不舒服地——且令人失望地——类似于其年代中的小布尔乔亚（petite bourgeoisie）所流行的态度——见证于他在1922年写给

---

⑭ 在本文中，歌剧、歌曲、及所谓的"标题音乐"（program music）是音乐的形式，必须清楚地与"纯粹"音乐区分开来。前者有可语言化的内容，因此可以被非音乐的（nonmusical）聆听者以本质上非音乐的方式，加以掌握与欣赏；后者没有可语言化的内容，因而需要聆听者有面对强烈非语言的体验的能力。（参考Kohut and Levarie, 1950, pp. 72~75; Kohut, 1957, p. 392）

亚伯拉罕的信（H. Abraham and E. Freud，1965，p. 332）。是否有人不会期待，像弗洛伊德这样的心理学天才，即使并非全心地接纳现代艺术，至少对于这个全新且令人困惑的人类精神展现，会怀抱着尊敬地反思的好奇心？然而，进一步思考会发现，弗洛伊德对现代艺术的拒绝，似乎与他不愿意把自己浸泡在古老的自恋状态是一致的，见他1928年给科尔温（Hollós）的信（Schur，1966，pp. 21~22），而且与他不能认知自体的统整与崩溃的变迁的重要性是一致的——这些主题作为我们时代的首要心理任务，早已成为当今前卫的艺术家的创作主题，很久之后它们才成为科学的心理学者的研究努力的目标。

我相信，前述的反思所支持的结论，就是弗洛伊德的若干人格特征，指引着他强调精神生活的一个面向而忽略另一个面向。一些弗洛伊德的理论著作，无疑地预备了自体心理学的若干部分的发展的土壤。无论如何，我的印象是他在自恋的领域并未多加阐述——例如，关于临床分析中自恋的角色，或是关于自恋在历史中的地位——这样的主题他曾经在结构心理学与冲突心理学的方向下，自由地与热情地进行理论的讨论并深入其研究。即使在古老自恋的领域他做了最深入的贡献（1911），但他混乱地在两个观点间变换：一方面是对于退化的自恋形势的重要性的认知，另一方面是更高的发展阶段的冲突问题，也就是关于同性恋的冲突。弗洛伊德立论的暧昧不清，预备了抱歉者（apologists）（例如，参考Kohut，1960，pp. 573~574）与攻击者（attackers）（例如，参考Macalpine & Hunter，1955，pp. 374~381）世世代代矛盾的争论。

对我们而言，要接受自己所尊敬的人物的缺陷是很困难的。然而，我相信弗洛伊德的著作在某一领域的领悟，其强度与深度必须以另一个领域的相对浅薄为代价；这是所有伟大成就都无法避免的情况。弗洛伊德不能，或不愿意以亲近的神入浸泡的方式，投入于自体的变迁；而他曾经对客体—本能的体验的变迁，有过这样的投入。我的假设是，他前卫的心智不能既兼顾这两个方向，又不会干扰到他原发的创造生命所投入而得的领悟的深度。

但让我们把细节告一段落。即使前面我所说的任何事情，可以被毫无疑问地证明——究竟我完成了什么？弗洛伊德的人格特征决定了他的科学偏好，这是否毫无疑问？弗洛伊德被一些19世纪科学的伟大老师所推崇，其探索研究的方法，及论述其研究成果的理论结构的运用，无论多么新奇与大胆，仍然表现出其所受教导的影响吗？

这些结论当然不是大地震，而且我提出这些主要是为了那最终、最重要的问题做准备。如果，不论什么理由——不管是因为特定的流行的精神病理类型，要求研究者的注意；还是因为当时的科学所决定的焦点；还是因为弗洛伊德的个人偏好；或者可能的情况是上述所有理由的汇合——古典的精神分析无法充分地涵盖深度心理学所探究的领域，那么我们必须问的是，是否增加一个新的、更广阔的焦点——就好像是自体心理学所提出的——造成的改变是如此的巨大，而我们的基本观点的转变程度是如此深远，以致我们不再能称之为精神分析，而必须不情愿地承认我们现在处理的是一门新的科学。或者，是否我们可以将新的与旧的焦点整合，维持其连续感；而让我们可以将这样的改变，视为有生气而成长的科学的新发展阶段的努力，而无论这改变可能多么巨大。清楚的是，假如我们要对这个关键问题投下明智的一票，首先我们要不能退缩地尝试回答这个根本问题：什么是精神分析的本质？

什么是精神分析的本质？

　　为了要解释一系列复杂的活动的成熟而发展的功能的意义，只依靠定义其单纯来源的性质是危险的（Langer，1942；Hartmann，1960）。但是，关于起源学的谬误（genetic fallacy）的陷阱，这个一般而言都成立的告诫，并不适用于某些发展的顺序；因为我们可以证明，虽然所有后来的发展可能非常复杂，但本质上与最早先的开始，保持着一种有意义而未断裂的接触。

　　我们可以把人类思想的发展，尤其是科学的思想，与生物学上的演化作个类比。大多数的时候，发展依循着可理解的规则，以有秩序的形式进行。错误被抛弃，新的真理被确立，而新的理论被建立来解释新发现的系列事实。没有察觉地、逐渐地，以及借着可感知的步骤——透过辛勤的研究者训练有素的心智所做出的详细与精炼的贡献，以及透过天才的优越智识所做出的实质进步——人类的思想与科学的思想因而日新月异。就像生物学的发展，其进步的方法不是眼前我们所能预测（至少长时间来看，我们无能为力），而且我们也还不能有意图地引导其前进（至少对于长远的目标，我们不能）。但是，它以合乎逻辑的方式前进——无论如何，它开放给任何回溯性的审查（retrospective scrutiny）。然而，有些很罕见的时候，人类对世界的感知，发生了前进发展上的跃进——起初它从每个角度看来都只是一小步——让人们可以接近一种现实的全新面向。这类的进步，可以比拟为一种生物学演化上的突变。透过它，人类思想有了新的方向。作为一个事件，它不能只是被称为一种方法上的进步。它也不能被定义为旧的与熟知的观察现在有了新的观察角度——新的解释典范的角度（见Kuhn，1962）。都不是这个讨论中的现象，我心中以为的人类思想的突变，既不是革命性的全新技术，也不是革命性的全新理论。它二者都是——而且它比二者皆更多。它是关于人类与现实的关系的根本层次上的进步；在这个层次上，我们还无法区辨资料与理论，外在的发现与内在的态度转变仍然合一未变，而观察者与被观察者间的原发单元（primary unit）仍然未被次发的抽象反思所阻碍与遮掩。在这个体验的根本层次上，最原始的与最发展的心智功能似乎同时地运作，所造成的结果不只是观察者与被观察者间没有清楚的界限，而且思想与行动仍然合而为一。科学的历史中曾经有过的最大进步——最伟大的科学家的前卫的实验——就如我之前所说的（本书26~27页），有时候"并非原发地用来促进发现或测试假说的安排"，而是"具体的思考"；或者更准确地说，就是"行动—思考"（action-thought），一种思考的前驱物。虽然我只有很少的实证资料，用以测试这个假说；但我可以借助于一位伟大诗人对相关主题的反思，就是歌德对圣经上宇宙创造的本质的反思——西方人创造力的原型。浮士德，在悲剧的相当早期（第一部，1224~1237页），开始从原本的希腊文翻译新约圣经（约翰福音1/1）。但如何翻译出最先的第一行，他应该如何指称世界的开端？他尝试写着："一开始是言词"，但他丢弃了这个译本。或许是"思考"？这个语词也无法赋予这样的意义。那么是"权力"？不是，还是不对！然后他被启发，终于看见光芒："一开始是行动"⑮，他写着。

　　无论观念形成的过程的心理本质为何，我之前所提的人类对世界的感知，其发展的跃进就是靠这个过程得以实现；而在跃进的时刻所采取的步骤，似乎与之前的跃进在逻辑上并无关联。我们似乎见证了一个具有无比力量的观念的单性生殖，伴随着一种行动；虽然它很简洁，意含着更多无以计数的行动的极致，就好像一个有计划的

---

　　⑮ 歌德在"一开始是行动"（Am Anfang war die tat），这句话中的"行动"（die Tat）可以被翻译为"行为"（deed）或是"行动"（act）；这两个词紧密相关，但非同义词。虽然这两个词与"言词"或"思考"都成对比，但因为"行动"与"思考"对比更为强烈，我选择这个词。

心智真的提出了未来的蓝图——换句话说，一个观念的出现，使得众多的追随者从那本来未探勘的荒野中，耕耘出新的土地。一旦新大陆变得可以接近，其他人将会扫描它——一些人借着引进广泛的次序（ordering）原理（典范的理论，然而可被替代与改进）以及借着形塑原理的方法论（典范的技术，然而可被替代与改进）来探究新领域，另外有些人借着将技术与理论加以阐述与精炼，以及借着添加更多资料来参与探究。无论如何，先前的根本步骤所带来的结果，似乎不会只是昙花一现（在它们可被替换与改进的意义下）——至少在可考的人类思想历史的范围内。

　　内省—神入的深度心理学（精神分析），这个新领域的大门，因为发生于1881年的突变而开启。它发生于靠近维也纳的一间乡下房舍，在约瑟夫·布鲁尔与安娜·O之间的会面（Breuer and Freud, 1893）。打开通往现实的全新面向的道路，所采取的步骤——这个步骤同时开展了新的观察模式与革命性科学的新内容——是因为病人坚持想要继续"烟囱—清扫"（chimney-sweeping）然而，正是因为她这次的探险有布鲁尔的参与，他容许她持续这样的探险，他能够把她的前进认真地看待（也就是观察其结果并把观察形诸文字），开启了观察者与被观察者的联合，并在人类对世界的探索上，形成了最重要的进步的基础。

　　依我之见，精神分析的本质在于科学的观察者为了资料收集与解释的目的，对被观察者进行持续而神入的浸润。所有更进一步的进展——透过弗洛伊德次序的（ordering）心智、勇气与坚持所做出的贡献，以及透过后代最佳的分析师所做出的贡献——与这个本质有逻辑上的关联。而带来这些进展的活动，不管是直接地或透过尝试错误，是以可理解的顺序发生。然而，本质创造的第一步似乎在因果顺序的范围之外——我们无法用现今逻辑的或心理学的解释加以说明。

　　现在我们准备回到本文所要探索的中心议题，也就是什么构成了精神分析的本质。我提出的答案，是为了寻求彰显精神分析的特征，而从一开始这些特征就使精神分析与其他科学分支区分开来。而为了这个答案，我会借着参考精神分析的开端，提出起源学的说明。我的答案就是：精神分析是一种复杂心理状态的心理学，借助于观察者对人类的内在生活进行持续的神入—内省的浸润，收集其资料并加以解释。

在所有探索人类本质的科学中，我相信精神分析是唯一在它的基本活动中结合了神入，并以科学的热诚加以运用来收集人类体验的资料；借着体验—贴近与体验—远离的理论化，以同样的科学热诚加以运用，来使观察所得的资料与具有更宽阔的意义与重要性的情境脉络相符合。精神分析在所有的人类科学中，是唯一从一开始就解释它所理解的事物。

换句话说，精神分析根据内省与神入所得的资料，在科学中是独一无二的。唯有当人们理解不管新与旧的精神分析理论，都关联于这种特定的资料收集过程，其理论的意义与内在的一致性与关联性才能被充分掌握。而精神分析用以开展其观察的立足点的技术上的改进（特别是自由联想的持续应用），毫无疑问地具有最大的重要性。而且不同的理论架构（例如，关于心智的地志学与结构的模式）所呈现的巧妙与帮助也是确实的；分析师借助于这些架构，把他们透过神入所收集到的资料理出头绪。然而，虽然有这些价值，精神分析理论与技术所提供的设计并非不可取代；就像我曾经提过的自由联想与阻抗分析，它们都是可改进的工具，是"辅助的器械，用来服务于内省与神入的观察方法"（Kohut, 1959, p. 464）。有鉴于分析的主题就是透过观察者的内省角度所定义的某一面向的世界，对我来说，这就是精神分析的本质；而深度心理学诞生的当下也蕴含着这样的本质。

此刻我们必须暂停来考虑对精神分析的本质的定义可能被提出的异议。有些人可能紧抓住因为神入一词被非科学地使用而引发的一般印象——也就是一方面认为其模糊相关的意义包括和善、怜悯与同情,另一方面则是包括直觉、第六感与灵感。而另外有些人可能会坚持认为我的定义无法界定研究的领域,因为没有包含任何特定的理论教条——甚至没有参考弗洛伊德著名的格言(1914a, p. 16):对移情与阻抗的认知定义了分析的取向。

我很能理解这些异议。首先我要讨论的,是我对神入的强调而引发的疑虑。我知道,有一些我的同事会说,赋予神入根本重要性的地位,我这样的尝试只是重复别人在我之前已经尝试过的创造:原本忠实地接纳现实的冷酷事实,用退化的、情绪化的逃避到错觉(flight toward illusions)来取代。而且无疑会有一些批评者,对我主张神入的角度是分析师态度中必须且界定的成分——作为一个治疗者与作为一个研究者——认为这样的主张只是朝向最终的毁灭方向的第一步;是朝向非科学形式的心理治疗的巧妙伪装的第一步,且透过爱与建议来提供治疗;并认为我的主张是以类宗教的或神秘的取向取代了思考的科学模式——冒名顶替了真正的分析,违背它从诞生以来所必须坚持的,且因而小心地定义的界限。

即使是支持神入在精神分析理论占有尊崇的地位的最有说服力的论证——神入不仅是深度心理学中不可取代的工具,而且它也界定了深度心理学的领域——当然无法否定我想象中的批评者所说的担心——分析确实暴露于双重的危险:一个是科学领域中的情绪化混乱,另一个是临床领域中借着建议而暗中介入的治疗。因此我们必须防范这样的可能,亦即我们的领悟可能会为了非科学的治疗活动而被用来合理化。然而,要避免这样的滥用不必借着贬抑神入与内省——这样的动作会毁了深度心理学——而是要借着理论领域中有关其定义的概念澄清(Kohut, 1971, pp. 301~305),以及借着坚持严格的科学标准,将其应用于研究与治疗上。

就像我曾说过的,基于我的定义没有特定地提及任何既有的分析理论，尤其是弗洛伊德所创建的理论架构，我的定义也将因而受到批评。然而，一种科学无法借着它使用的工具来定义，尤其像精神分析这样的一种基本科学：不是借着其方法论上的工具，亦即它在研究上运用的工具；也不是——对于这点我要特别加以强调——借着其概念上的工具，亦即借由其理论。它的定义只有透过其整体的取向，而此取向决定了我们所要涉及的现实的面向，以作为科学的主题。

但是否神入只是一种工具——一种观察的特定工具，而且是否因为我对它的强调，使得我自己的定义很武断，就好像我曾经说过的话那样：分析是借着治疗情境中躺床的使用来定义，以及借着理论的压抑概念的使用来定义？我对这些问题的回答为"不是"。神入不是这种意义下的工具，如同病人的躺卧姿势、自由联想的使用、结构模式的运用，或是驱力与防御的概念等作为工具的意义。神入确实在本质上定义了我们的观察领域。神入不只是一种有用的方式，透过它我们得以接近人类的内在生活——如果我们没有透过代理的内省（vicarious introspection）而得知的能力，那么人类的内在生活的意念本身，以及复杂心理状态的心理学的想法都是无法想象的——这就是我对神入的定义（参考Kohut，1959，pp. 459~465）——什么是人类的内在生活，就是我们本身与其他人所思与所感⑯。

借着把精神分析定义为本质上是一种复杂心理状态的心理学，并

---

⑯ 我的观点与下列出自弗洛伊德与费伦奇的论述是一致的。虽然这些论述只是附带意见，但它们很重要且值得我们多加注意。

"有一条道路从认同出发，经过模仿而通向神入；这也就是通向对心理机转的理解，而借此我们对另一个人的心理生活才总算能够采取某种态度"（Freud，1921，p. 110，n.2，楷体字部分是我加的）。

"（弗洛伊德）发现了透过对内省资料的科学整理可以得到新的知识，就好像借着观察与实验的帮助，透过外在感知收集而来的资料的利用可以获得新知。"再者："由于有精神分析，如今我们能够对一群新的资料采取一种系统的研究取向——这群资料过去都被自然科学所忽略。精神分析说明了内在力量的活动，而这些活动只能够透过内省来感知"（Ferenczi，1927）。

借助于观察者对人类的内在生活的持续的、神入—内省的浸泡，收集其资料并加以解释；我们在这个方向上的努力已经让我相信，我们必须松开过度狭隘的分析定义的束缚，否则这样的束缚会妨碍我们——以及以后的分析师——使我们无法根据未来持续收集的资料，来调整我们的理论与解释。

我相信，基于我广阔而清楚界定的定义，如今我能够解决一个让我困惑很久的问题。过去，我常常在想，为何我能够将若干团体成员视为分析师，而我同时强烈反对其理论教条；然而，我却无法将其他一些团体成员视为分析师，虽然我自己大致上同意许多他们的理论观点。例如，我从不质疑莱茵的追随者是分析师，虽然以我之见，他们在理论论述上是立基于错误的前提；虽然我不同意他们的精神分析实务的若干面向，认为这些是他们理论的错误所产生的衍生物。在另外一个方面，例如，我不能接受弗朗兹·亚历山大（Ale-xander et al., 1946）的追随者作为分析师；这些人认为传统的冗长分析是阻抗的现象［也就是说，他们处理的是来自病人的逃避行动（evasive maneuvers），或至少是病人无生产力的退化］，因而应该以短期的、主动介入的治疗形式来取而代之——我无法接受他们作为分析师，即使他们持续严格地坚持古典分析的基本综合论述，也就是说，他们仍然高举俄狄浦斯情结的首要性，并依据心智的结构模式整理他们的资料。

现在我已经清楚（先前尚未清楚地想出来），这些区分并不是根据以下的标准：就是科学或治疗的计划如果要被定义为分析的，观察者就要信奉某种哲学（比如心理—生物的立足点），或是他本身要立基于某种秩序原则（比如起源学的、动力的、经济的，或结构的观点），或坚持某种理论（比如移情与阻抗的理论，如同弗洛伊德所辨明的）；而是根据这样的标准：这些计划如果要被定义为分析的，就必须包括坚持浸泡于一系列的心理资料、借着神入与内省作为工具，并以所观察的领域的科学扩展为目标。话虽如此，我毫不怀疑存在着被分析者的关键的活动（以及它们可以在分析情境中被观察），而这些可以被解释为儿童期被压抑的欲望与针对分析师的欲求之二者的合金；同样地，我也相信存在着被分析者的关键的活动，可以被解释为冲动—抑制的、精神内部的力量转为对抗分析师，当他的诠释开始威胁其官能症力量的平衡；更甚者，我不能想象分析在这样的时候怎么可能不要这两个概念——移情与阻抗——它们是这两种活动的体验—远离的精华；但我仍然坚持说，未来的精神分析可能需要新的概念取向以发现新的心理领域——在新的心理领域，甚至是现今被广泛应用的这两个概念都将变得无法适用。现代物理学——爱因斯坦，以及尤其是普朗克与波尔的理论——依然是物理学，即使这些研究者关注的是物理现实中从未被探索的面向，且必须建构不同于牛顿的古典物理学的理论论述。是否精神分析师面对其科学的态度，应该不同于物理学者面对物理学的态度？

对于深度心理学的定义进行先前的反思之后——此定义认为精神分析就像物理学或数学或生物学一样是基本的科学——我从一个新的方向出发，又回到我在1959年所提出的相同结论。虽然关于精神分析理论与实务的很多领域，我的观点已经有了改变；但自从我首次论述关于神入—内省的观察立足点的基本重要性之后，我对这个根本问题的意见从未改变。

确实，就算接纳了我对精神分析的本质观点，并非就此表示支持以下的主张：这个或那个特定而新的解释假说是正确的、新的解释假说构成了精神分析理论的适切的扩展，或者新假说提供了精神分析实务一个新而有效的支点——即使这个新假说是来自实证资料，而这些资料的获得是透过研究者长期地神入浸泡于被分析者的内在生活。但是，对于我提出的观点的接纳，可以去除对发现与思考的权威式拒绝，如果这些发现与思考与既有的学理相异——使精神分析师对于神入地感知而得的资料，有可能排除习惯的次序模式，而暂时地但有充分时间地采取科勒理奇（Coleridge, 1817）所提及的态度"不信任的自愿暂停"（willing suspension of disbelief），将自身投入于新描述的结构与过程的认知任务。而假如新发现的真实性与新论述的适切性已经被确立，精神分析的广阔定义终将纳入新的资料与新的理论，及其后续透过分析专业的不断努力逐渐修正。

在前面的说明中，我已经表达了我的信念，亦即不是对既有思考模式的忠诚，也不是对分析处理的主题定义过于广阔的惧怕，就必定会妨碍分析师测试新的概念、理论与技术；而研究者之所以提出这些，是因为他们感觉新资料或已知资料的新发现的意义，要求他们采用；而对于我请求以心智—开放的态度面对自体心理学，我已经做了应该做的努力。此时，为了我所支持的精神分析的这个步骤，我只要再说一句话：假使心智—开放的精神分析师能够给予自体心理学一个适当的说明机会，假使他能够承认其原理是适切的，且它能够解释临床情境之内与外的若干现象而古典的观点却无法解释——那么他是否还会反对自体心理学，只因为其部分的理论不够完整且缺乏已完成的优美，或只因为其一些概念的模糊？

让我在这里特别指出本书的一项特征，而这对一些人来说似乎是一个严重的缺陷。我对自体心理学的探究包含了数百页的文字，然而却尚未赋予自体这术语一个不变的意义，也从未解释自体的本质应该如何定义。无论在狭义的自体心理学架构下所构想的自体，作为一种心理装置的特定结构；或者在广义的自体心理学架构下所构想的，作为个人的心理世界的中心；自体就像所有的现实——物理现实（我们借感官所感知的世界的资料）或心理现实（我们透过内省与神入所感知的世界的资料）——在本质上都是不可知的。我们不能借着内省与神入穿透自体本身；自体只有借着被内省地与神入地感知而得的心理展现（psychological manifestations）才对我们开放。要求对自体的本质作精确的定义，这是忽略了"自体"并非抽象科学的一种概念，而是得自实证资料的一种普遍化（generalization）。要求把"自体"与"自体表征"（或类似的说法，"自体"与"自体感"）做区分，这种要求是基于一种误解。但是，我们可以收集资料，关于一系列内省与神入地感知的内在体验，被逐渐建立而成我们后来称之为"我"（I）的方式；而且我们可以观察这种体验的若干有特色的变迁。我们可以描述自体所呈现的不同的整合形式，可以说明自体组成的各种成分——它的两极（企图与理想）以及处于两极之间区域的天分与技巧——并解释其起源与功能。最后，我们还可以区别不同的自体类型，并可以基于它们某一成分的优势而解释它们之间的区别特征。这些我们都可以做，但是我们仍然无法知道自体的本质，当它与其展现被区别开来。

上面的论述给我一种感觉，对于我为了自体心理学所做的努力，应该是结束的时候了；因为它们表达了我对真正科学家的信念——如我之前所说的游戏的（playful）科学家——能够忍受其成就的缺点——其综合论述的尝试性及其概念的不完整。的确，他珍视这些缺点，把它们当作更进一步的、欢乐的努力的激励。我相信最深刻的科学意义的揭露，在于当它被视为短暂而连续的生命的一个面向。虽然存在着变化——甚至是最深意义的变化——连续感支持着科学家从理论到观察，进行其不断重复的循环；支持其不断重复的尝试，为了发展新的、更深入的或更周延的解释模型，为了建构新的、更深入的或更周延的解释理论。以信仰的态度面对既有的解释系统——认为它们的定义有清晰的精确性，并认为它们的理论有无瑕疵的一致性——在科学的历史上变成一种局限——而在所有的人类历史上，类似的执着投入也确实会如此。理想是指标，而不是神祇。如果它们变成了神，就会压制人类游戏的创造力；它们会阻碍人类精神中某一部分的活动，而这部分指向着最有意义的未来。

当然，我希望这里提出来的自体心理学，很多的研究结果将会被证明是有效的。无论如何，我最深的愿望是我的著作——经过扩展或修正、被接受或甚至被拒绝——将为激励下一代的精神分析师做出贡献，使他们能追求昨日的先驱者所开启的道路，而这条道路将带领我们深入现实的那个面向的无尽领域，而此面向可以借着科学训练的内省与神入加以研究。

案例索引

A先生　8，88~89

C先生　78

D先生　41

E先生　126

F小姐　10，27

I先生　13，135~138

J先生　147

M先生　5~11，15~39，100，121~123，134~138

U先生　18，38~40，56

V小姐　40~43，155~156

W先生　106~118

X先生　139~153

Y女士　185~187

参考文献

Aarons, Z. A. (1965), On Analytic Goals and Criteria for Termination. *Bull. Phila. Assn. Psychoanal.*, 15:97-109.

Abend, S. M. (1974), Problems of Identity: Theoretical and Clinical Applications. *Psychoanal. Quart.*, 43:606-637.

Abraham, H. C. & Freud, E. L. (1965), *A Psycho-Analytic Dialogue (The Letters of Sigmund Freud and Karl Abraham)*. New York: Basic Books.

Abraham, K. (1921), Contributions to the Theory of the Anal Character. In: *Selected Papers of Karl Abraham*. New York: Basic Books, 1953, pp. 370-392.

Aichhorn, A. (1936), The Narcissistic Transference of the "Juvenile Impostor." In: *Delinquency and Child Guidance: Selected Papers by August Aichhorn*, ed. O. Fleischmann, P. Kramer, & H. Ross. New York: International Universities Press, 1964, pp. 174-191.

Alexander, F. (1935), The Logic of Emotions and its Dynamic Background. *Internat. J. Psycho-Anal.*, 16:399-413.

———— (1956), Two Forms of Regression and their Therapeutic Implications. *Psychoanal. Quart.*, 25:178-196.

————, French, T. M., et al. (1946), *Psychoanalytic Therapy: Principles and Applications*. New York: Ronald Press.

Altman, L. L. (1975), A Case of Narcissistic Personality Disorder: The Problem of Treatment. *Internat. J. Psycho-Anal.*, 56:187-195.

Apfelbaum, B. (1972), Psychoanalysis without Guilt. *Contemporary Psychol.*, 17:600-602.

Argelander, H. (1972), *Der Flieger*. Frankfurt: Suhrkamp.

Arlow, J. A. (1966), Depersonalization and Derealization. In: *Psychoanalysis—A General Psychology*, ed. R. M. Loewenstein, L. M. Newman M. Schur, & A. J. Solnit. New York: International Universities Press, pp. 456-478.
Bach, S. (1975), Narcissism, Continuity and the Uncanny. *Internat. J. Psycho-Anal.*, 56:77-86.
─────── & Schwartz, L. (1972), A Dream of the Marquis de Sade: Psychoanalytic Reflections on Narcissistic Trauma, Decompensation, and the Reconstitution of a Delusional Self. *J. Amer. Psychoanal. Assn.*, 20:451-475.
Balint, M. (1950), On the Termination of Analysis. *Internat. J. Psycho-Anal.*, 31:196-199. (Also in: *Primary Love and Psychoanalytic Technique*. London: Hogarth Press, 1952, pp. 236-243.)
─────── (1968), *The Basic Fault: Therapeutic Aspects of Regression*. London: Tavistock Publications.
Barande, R., Barande, I. & Dalibard, Y. (1965), Remarques sur le narcissisme dans le mouvement de la cure. *Rev. Franç. Psychoanal.*, 29: 601-611.
Basch, M. F. (1973), Psychoanalysis and Theory Formation. *The Annual of Psychoanalysis*, 1:39-52. New York: Quadrangle.
─────── (1974), Interference with Perceptual Transformation in the Service of Defense. *The Annual of Psychoanalysis*, 2:87-97. New York: International Universities Press.
─────── (1975), Toward a Theory that Encompasses Depression: A Revision of Existing Causal Hypotheses in Psychoanalysis. In: *Depression and Human Existence*, ed. E. J. Anthony & T. Benedek. Boston: Little Brown, pp. 485-534.
Beigler, J. (1975), A Commentary on Freud's Treatment of the Rat Man. *The Annual of Psychoanalysis*, 3:271-285. New York: International Universities Press.
Benedek, T. (1938), Adaptation to Reality in Early Infancy. *Psychoanal. Quart.*, 7:200-214.
Beres, D. (1956), Ego Deviation and the Concept of Schizophrenia. *The Psychoanalytic Study of the Child*, 11:164-235. New York: International Universities Press.
Bing, J., McLaughlin, F., & Marburg, R. (1959), The Metapsychology of Narcissism. *The Psychoanalytic Study of the Child*, 14:9-28. New York: International Universities Press.
Binswanger, L. (1957), *Sigmund Freud. Reminiscence of a Friendship*. New York/London: Grune & Stratton.
Bleuler, E. (1911), *Dementia Praecox or the Group of Schizophrenias*. New York: International Universities Press, 1950.

Blum, H. P. (1974), The Borderline Childhood of the Wolf Man. *J. Amer. Psychoanal. Assn.*, 22:721-742.

Boyer, B. & Giovacchini, P. (1967), *Psychoanalytic Treatment of Characterological and Schizophrenic Disorders.* New York: Science House.

Braunschweig, D. R. (1965), Le narcissisme: aspects cliniques. *Rev. Franç. Psychoanal.*, 29:589-600.

Brenner, C. (1968), Archaic Features of Ego Functioning. *Internat. J. Psycho-Anal.*, 49:426-429.

Breuer, J. & Freud, S. (1893-1895), Studies on Hysteria. *Standard Edition*, 2:255-305. London: Hogarth Press, 1955.

Bridger, H. (1950), Criteria for Termination of an Analysis. *Internat. J. Psycho-Anal.*, 31:202-203.

Bronfenbrenner, U. (1970), *Two Worlds of Childhood: U.S. and U.S.S.R.* New York: Russell Sage Foundation.

Buxbaum, E. (1950), Technique of Terminating Analysis. *Internat. J. Psycho-Anal.*, 31:184-190.

Chasseguet-Smirgel, J. (1974), Perversion, Idealization and Sublimation. *Internat. J. Psycho-Anal.*, 55:349-357.

Coleridge, S. T. (1817), *Biographia Literaria,* Chap. 14. London: Oxford University Press, 1907.

Cooper, A. et al. (1968), The Fate of Transference Upon Termination of the Analysis. *Bull. Assn. Psychoanal. Med.*, 8:22-28.

Dewald, P. (1964), *Psychotherapy: A Dynamic Approach.* New York: Basic Books.

———— (1965), Reactions to the Forced Termination of Therapy. *Psychiat. Quart.*, 39:102-126.

Edelheit, H. (1976), Complementarity as a Rule in Psychological Research. *Internat. J. Psycho-Anal.*, 57:23-29.

Eidelberg, L. (1959), The Concept of Narcissistic Mortification. *Internat. J. Psycho-Anal.*, 40:163-168.

Eisnitz, A. J. (1969), Narcissistic Object Choice, Self Representation. *Internat. J. Psycho-Anal.*, 50:15-25.

———— (1974), On the Metapsychology of Narcissistic Pathology. *J. Amer. Psychoanal. Assn.*, 22:279-291.

Eissler, K. R. (1974), Über Freuds Freundschaft mit Wilhelm Fliess nebst einem Anhang über Freuds Adoleszenz und einer historischen Bemerkung über Freuds Jugendstil. *Jahrbuch der Psychoanalyse,* 7:39-100.

———— (1975), A Critical Assessment of the Future of Psychoanalysis: A View from Within. Panel reported by I. Miller. *J. Amer. Psychoanal. Assn.*, 23:151.

Eissler, R. S. (1949), Scapegoats of Society. In: *Searchlights on Delinquency,* ed. K. R. Eissler. New York: International Universities Press.

Ekstein, R. (1965), Working Through and Termination of Analysis. *J. Amer. Psychoanal. Assn.*, 13:57-78.
Engelmann, E. (1966), Freudian Memorabilia. Freud's Office as His Patients Saw It. *Roche Medical Image,* 8/3:28-30.
Erikson, E. H. (1950), *Childhood and Society.* New York: Norton.
_____ (1956), The Problem of Ego Identity. In: *Identity: Youth and Crisis.* New York: Norton, 1968, pp. 142-207; 208-231.
Federn, P. (1947), Principles of Psychotherapy in Latent Schizophrenia. In: *Ego Psychology and the Psychoses,* ed. E. Weiss. New York: Basic Books, 1952, pp. 166-183.
Fenichel, O. (1953), From the Terminal Phase of an Analysis. In: *Collected Papers, First Series.* New York: Norton, 1953, pp. 27-31.
Ferenczi, S. (1927), Die Anpassung der Familie an das Kind [The Adaptation of the Family to the Child]. *Zeitschrift f. psychoanalytische Pädagogik,* 2:239-251. (Also in: *Final Contributions.* New York: Basic Books, 1955, pp. 61-76.)
_____ (1928), The Problem of the Termination of the Analysis. In: *Final Contributions.* New York: Basic Books, 1955, pp. 77-86.
_____ (1930), Autoplastic and Alloplastic Adaptation. In: *Final Contributions.* New York: Basic Books, 1955, p. 221.
Firestein, S. K. (1974), Termination of Psychoanalysis of Adults: A Review of the Literature. *J. Amer. Psychoanal. Assn.*, 22:873-894.
_____, reporter (1969), Panel on: Problems of Termination in the Analysis of Adults. *J. Amer. Psychoanal. Assn.*, 17:222-237.
Fleming, J. & Benedek, T. (1966), *Psychoanalytic Supervision.* New York: Grune & Stratton.
Forman, M. (1976), Narcissistic Personality Disorders and the Oedipal Fixations. *The Annual of Psychoanalysis,* 4:65-92. New York: International Universities Press.
Freeman, T. (1963), The Concept of Narcissism in Schizophrenia States. *Internat. J. Psycho-Anal.,* 44:293-303.
Freud, A. (1936), *The Ego and the Mechanisms of Defense. The Writings of Anna Freud,* 2. New York: International Universities Press, 1966.
_____ (1965), *Normality and Pathology in Childhood. The Writings of Anna Freud,* 6. New York: International Universities Press.
Freud, E. L., ed. (1960), *Letters of Sigmund Freud.* New York: Basic Books.
_____ & Meng, H., ed. (1963), *Psychoanalysis and Faith. The Letters of Sigmund Freud and Oskar Pfister.* New York: Basic Books.
Freud, S. (1900), The Interpretation of Dreams. *Standard Edition,* 4 & 5. London: Hogarth Press, 1953.
_____ (1908), Character and Anal Erotism. *Standard Edition,* 9:167-175. London: Hogarth Press, 1959.

_____ (1909), Notes Upon a Case of Obsessional Neurosis. *Standard Edition*, 10:151-249. London: Hogarth Press, 1955.

_____ (1911), Psycho-Analytic Notes on an Autobiographical Account of a Case of Paranoia (Dementia Paranoides). *Standard Edition*, 12:9-82. London: Hogarth Press, 1958.

_____ (1912), Recommendations to Physicians Practising Psycho-Analysis. *Standard Edition*, 12:109-120. London: Hogarth Press, 1958.

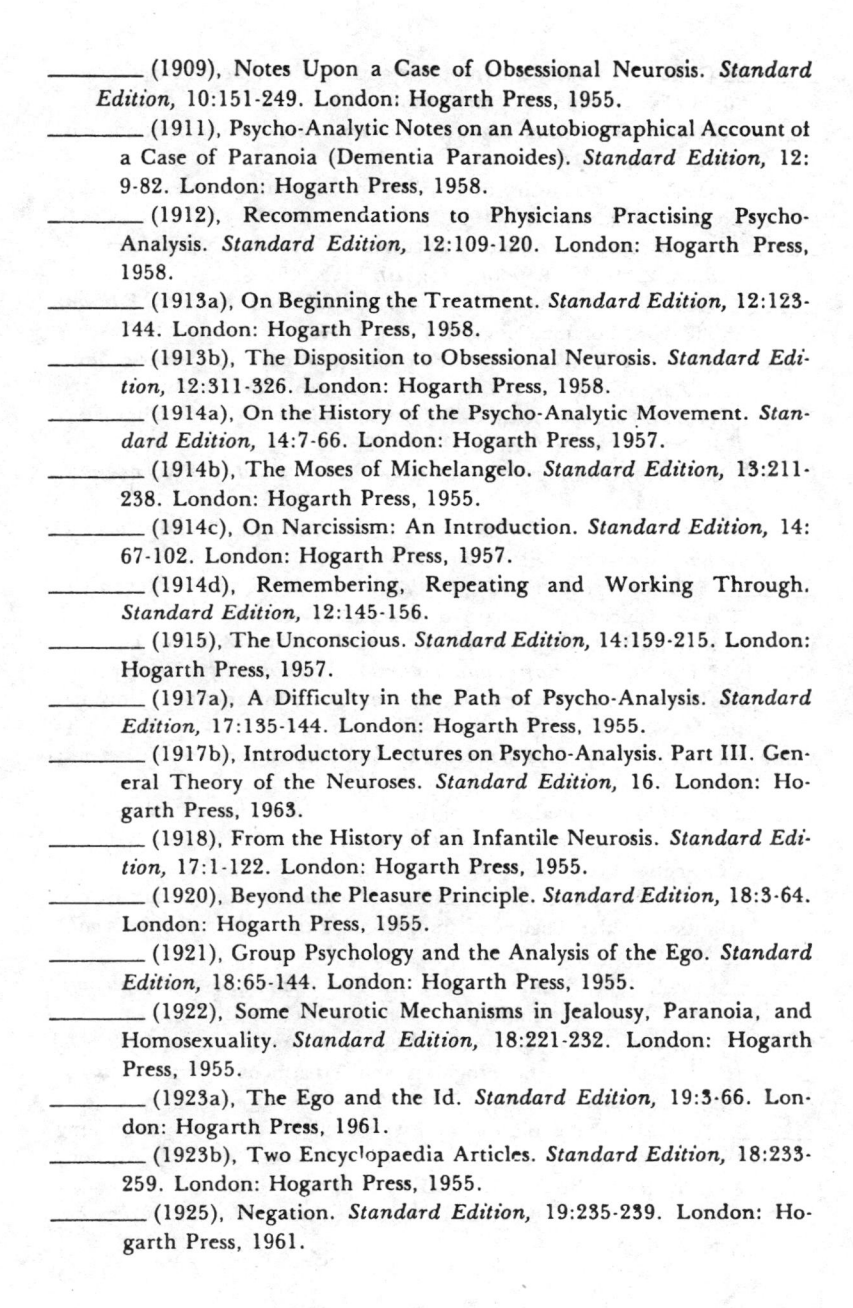

_____ (1913a), On Beginning the Treatment. *Standard Edition*, 12:123-144. London: Hogarth Press, 1958.

_____ (1913b), The Disposition to Obsessional Neurosis. *Standard Edition*, 12:311-326. London: Hogarth Press, 1958.

_____ (1914a), On the History of the Psycho-Analytic Movement. *Standard Edition*, 14:7-66. London: Hogarth Press, 1957.

_____ (1914b), The Moses of Michelangelo. *Standard Edition*, 13:211-238. London: Hogarth Press, 1955.

_____ (1914c), On Narcissism: An Introduction. *Standard Edition*, 14:67-102. London: Hogarth Press, 1957.

_____ (1914d), Remembering, Repeating and Working Through. *Standard Edition*, 12:145-156.

_____ (1915), The Unconscious. *Standard Edition*, 14:159-215. London: Hogarth Press, 1957.

_____ (1917a), A Difficulty in the Path of Psycho-Analysis. *Standard Edition*, 17:135-144. London: Hogarth Press, 1955.

_____ (1917b), Introductory Lectures on Psycho-Analysis. Part III. General Theory of the Neuroses. *Standard Edition*, 16. London: Hogarth Press, 1963.

_____ (1918), From the History of an Infantile Neurosis. *Standard Edition*, 17:1-122. London: Hogarth Press, 1955.

_____ (1920), Beyond the Pleasure Principle. *Standard Edition*, 18:3-64. London: Hogarth Press, 1955.

_____ (1921), Group Psychology and the Analysis of the Ego. *Standard Edition*, 18:65-144. London: Hogarth Press, 1955.

_____ (1922), Some Neurotic Mechanisms in Jealousy, Paranoia, and Homosexuality. *Standard Edition*, 18:221-232. London: Hogarth Press, 1955.

_____ (1923a), The Ego and the Id. *Standard Edition*, 19:3-66. London: Hogarth Press, 1961.

_____ (1923b), Two Encyclopaedia Articles. *Standard Edition*, 18:233-259. London: Hogarth Press, 1955.

_____ (1925), Negation. *Standard Edition*, 19:235-239. London: Hogarth Press, 1961.

———— (1926), Inhibitions, Symptoms and Anxiety. *Standard Edition*, 20:75-174. London: Hogarth Press, 1959.

———— (1927a), Fetishism. *Standard Edition*, 21:147-157. London: Hogarth Press, 1961.

———— (1927b), The Future of an Illusion. *Standard Edition*, 21:1-56. London: Hogarth Press, 1961.

———— (1933), New Introductory Lectures on Psycho-Analysis. *Standard Edition*, 22:1-182. London: Hogarth Press, 1964.

———— (1937), Analysis Terminable and Interminable. *Standard Edition*, 23:209-253. London: Hogarth Press, 1964.

———— (1940), The Splitting of the Ego in the Process of Defence. *Standard Edition*, 23:271-278. London: Hogarth Press, 1964.

Frosch, J. (1970), Psychoanalytic Considerations of the Psychotic Character. *J. Amer. Psychoanal. Assn.*, 18:24-50.

Gedo, J. E. (1972), On the Psychology of Genius. *Internat. J. Psycho-Anal.*, 53:199-203.

———— (1975), Forms of Idealization in the Analytic Transference. *J. Amer. Psychoanal. Assn.*, 23:485-505.

———— & Goldberg, A. (1973), *Models of the Mind: A Psychoanalytic Theory*. Chicago: University of Chicago Press.

Gelb, A. & Gelb, B. (1962), *O'Neill*. New York: Harper & Row.

Gill, M. M. (1963), *Topography and Systems in Psychoanalytic Theory* [*Psychological Issues*, Monograph 10]. New York: International Universities Press.

Giovacchini, P. (1975), *Psychoanalysis of Character Disorders*. New York: Jason Aronson.

Gitelson, M. (1952), Re-evaluation of the Role of the Oedipus Complex. In: *Psychoanalysis: Science and Profession*. New York: International Universities Press, 1973, pp. 201-210.

Glover, E. (1931), The Therapeutic Effect of Inexact Interpretation; A Contribution to the Theory of Suggestion. *Internat. J. Psycho-Anal.*, 12:397-411.

———— (1956), The Terminal Phase. In: *The Technique of Psychoanalsis*. New York: International Universities Press, pp. 150-164.

Goethe, J. W. von (1808-1832), *Faust*. Leipzig: Hesse & Becker, 1929.

Goldberg, A. (1974), On the Prognosis and Treatment of Narcissism. *J. Amer. Psychoanal. Assn.*, 22:243-254.

———— (1975a), The Evolution of Psychoanalytic Concepts Regarding Depression. In: *Depression and Human Existence*, ed. E. J. Anthony & T. Benedek. Boston: Little Brown, pp. 125-142.

———— (1975b), A Fresh Look at Perverse Behavior. *Internat. J. Psycho-Anal.*, 56:335-342.

———— (1975c), Narcissism and the Readiness for Psychotherapy Termination. *Arch. Gen. Psychiat.*, 32:695-704.
———— (1976), A Discussion of the Paper by C. Hanly and J. Masson. *Internat. J. Psycho-Anal.*, 57:67-70.
Green, A. (1972), Aggression, Femininity, Paranoia and Reality. *Internat. J. Psycho-Anal.*, 53:205-211.
———— (1976), Un, autre, neutre: valeurs narcissiques du Même. *Nouvelle Revue de Psychanalyse*, 13:37-79.
Greenacre, P. (1956), Re-evaluation of the Process of Working Through. In: *Emotional Growth*. New York: International Universities Press, pp. 641-650.
Greenson, R. (1965), The Problem of Working Through. In: *Drives, Affects, and Behavior*, Vol. 2, ed. M. Schur. New York: International Universities Press, pp. 277-314.
———— (1967), *The Technique and Practice of Psychoanalysis*. New York: International Universities Press.
Grinker, R. R. (1968), *The Borderline Syndrome: A Behavioral Study of Ego Functions*. New York: Basic Books.
Grunberger, B. (1971), *Le Narcissisme*. Paris: Payot.
Gunther, M. S. (1976), The Endangered Self—a Contribution to the Understanding of Narcissistic Determinants of Countertransference. *The Annual of Psychoanalysis*, 4:201-224. New York: International Universities Press.
Habermas, J. (1971), *Knowledge and Human Interest*. Boston: Beacon Press.
Hanly, C. & Masson, J. (1976), A Critical Examination of the New Narcissism. *Internat. J. Psycho-Anal.*, 57:49-66.
Hartmann, H. (1939), Psychoanalysis and the Concept of Health. In: *Essays on Ego Psychology*. New York: International Universities Press, 1964, pp. 3-18.
———— (1950), Comments on the Psychoanalytic Theory of the Ego. In: *Essays on Ego Psychology*. New York: International Universities Press, 1964, pp. 113-141.
———— (1960), *Psychoanalysis and Moral Values*. New York: International Universities Press.
———— & Kris, E. (1945), The Genetic Approach in Psychoanalysis. *The Psychoanalytic Study of the Child*, 1:11-30. New York: International Universities Press.
Heinz, R. (1976), J. P. Sartre's existentielle Psychoanalyse. *Archiv für Rechtsund Sozialphilosophie*, 62:61-88.
Henseler, H. (1975), Die Suizidhandlung unter dem Aspekt der psychoanalytischen Narzissmustheorie. *Psyche*, 29:191-207.

Hitschmann, E. (1932), Psychoanalytic Comments About the Personality of Goethe. In: *Great Men—Psychoanalytic Studies*. New York: International Universities Press, 1956, pp. 126-151.

Holzman, P. S. (1976), The Future of Psychoanalysis and Its Institutes. *Psychoanal. Quart.*, 45:250-273.

Hurn, H. (1971), Toward a Paradigm for the Terminal Phase: Current Status of the Terminal Phase. *J. Amer. Psychoanal. Assn.*, 19:332-348.

Jacobson, E. (1964), *The Self and the Object World*. New York: International Universities Press.

James, M. (1973), Review of *The Analysis of the Self* by Heinz Kohut. *Internat. J. Psycho-Anal.*, 54:363-368.

Jones, E. (1936), The Criteria of Success in Treatment. In: *Papers on Psycho-Analysis*. Boston: Beacon Press, 1961, pp. 379-383.

_____ (1955), *The Life and Work of Sigmund Freud*, Vol. II. New York: Basic Books.

_____ (1957), *The Life and Work of Sigmund Freud*, Vol. III. New York: Basic Books.

Kavka, J. (1975), Oscar Wilde's Narcissism. *The Annual of Psychoanalysis*, 3:397-408. New York: International Universities Press.

Kepecs, J. (1975), The Re-integration of a Disavowed Portion of Psychoanalysis (unpublished manuscript).

Kernberg, O. F. (1974a), Contrasting Viewpoints Regarding the Nature and Psychoanalytic Treatment of Narcissistic Personalities: A Preliminary Communication. *J. Amer. Psychoanal. Assn.*, 22:255-267.

_____ (1974b), Further Contributions to the Treatment of Narcissistic Personalities. *Internat. J. Psycho-Anal.*, 55:215-240.

_____ (1975), *Borderline Conditions and Pathological Narcissism*. New York: Jason Aronson.

Kestemberg, E. (1964), Problems Regarding the Termination of Analysis in Character Neurosis. *Internat. J. Psycho-Anal.*, 45:350-357.

Khan, M. M. R. (1974), *The Privacy of the Self*. New York: International Universities Press.

Klein, G. (1970), *Perception, Motives, and Personality*. New York: Knopf.

Klein, M. (1950), On the Criteria for the Termination of an Analysis. *Internat. J. Psycho-Anal.*, 31:8-80.

Kleist, H. von (1808), *Michael Kohlhaas*. New York: Oxford University Press, 1967.

_____ (1811), On the Marionette Theatre, transl. T. G. Neumiller. *Drama Rev.*, 16:22-226, 1972.

Kligerman, C. (1975), Notes on Benvenuto Cellini. *The Annual of Psychoanalysis*, 3:409-421. New York: International Universities Press.

Kohut, H. (1957), Observations on the Psychological Functions of Music. *J. Amer. Psychoanal. Assn.*, 5:389-407. Also in: Kohut (in press).

———— (1959), Introspection, Empathy, and Psychoanalysis. *J. Amer. Psychoanal. Assn.*, 7:459-483. Also in: Kohut (in press).

———— (1960), Beyond the Bounds of the Basic Rule. *J. Amer. Psychoanal. Assn.*, 8:567-586. Also in: Kohut (in press).

———— (1961), Discussion of D. Beres's paper: "The Unconscious Fantasy." Presented at Meeting, Chicago Psychoanalytic Society. Abstr. in: *Phila. Bull. Psychoanal.*, 11:194-195, 1961. Also in: Kohut (in press).

———— (1966), Forms and Transformations of Narcissism. *J. Amer. Psychoanal. Assn.*, 14:243-272. Also in: Kohut (in press).

———— (1971), *The Analysis of the Self*. New York: International Universities Press.

———— (1972), Thoughts on Narcissism and Narcissistic Rage. *The Psychoanalytic Study of the Child*, 27:360-400. New York: Quadrangle. Also in: Kohut (in press).

———— (1975a), The Future of Psychoanalysis. *The Annual of Psychoanalysis*, 3:325-340. New York: International Universities Press. Also in: Kohut (in press).

———— (1975b), Remarks About the Formation of the Self. Presented at Meeting, Chicago Institute for Psychoanalysis. Also in: Kohut (in press).

———— (1976), Creativeness, Charisma, Group-Psychology. Reflections on Freud's Self Analysis. In: *Freud: Fusion of Science and Humanism*, ed. J. Gedo & G. H. Pollock [*Psychological Issues*, Monograph 34/35]. New York: International Universities Press, pp. 379-425. Also in: Kohut (in press).

———— (in press), *Scientific Empathy and Empathic Science: Selected Essays*, ed. P. Ornstein. New York: International Universities Press.

———— & Levarie, S. (1950), On the Enjoyment of Listening to Music. *Psychoanal. Quart.*, 19:64-87. Also in: Kohut (in press).

———— & Seitz, P. F. D. (1963), Concepts and Theories of Psychoanalysis. In: *Concepts of Personality*, ed. J. M. Wepman & R. Heine. Chicago: Aldine, pp. 113-141. Also in: Kohut (in press).

Koyré, A. (1968), *Metaphysics and Measurement: Essays in Scientific Resolution*. Cambridge: Harvard University Press.

Kramer, M. K. (1959), On the Continuation of the Analytic Process After Psychoanalysis. *Internat. J. Psycho-Anal.*, 40:17-25.

Kratz, B. (1976), Sigmund Freud und die Musik (unpublished).

Kris, E. (1956), On Some Vicissitudes of Insight in Psycho-Analysis. In:

Selected Papers. New Haven: Yale University Press, 1975, pp. 252-271.

Kuhn, T. S. (1962), *The Structure of Scientific Revolutions.* Chicago: University of Chicago Press.

Lacan, J. (1937), Le stade de miroir comme formateur de la fonction de Je. In: *Ecrits.* Editions du Seuil, Paris, 1966, pp. 93-100.

―――― (1953), Some Reflections on the Ego. *Internat. J. Psycho-Anal.,* 34:11-17.

Laforgue, R. (1934), Resistance at the Conclusion of Psychoanalytic Treatment. *Internat. J. Psycho-Anal.,* 15:419-434.

Lampl-de Groot, J. (1965), *The Development of the Mind.* New York: International Universities Press.

―――― (1975), Vicissitudes of Narcissism and Problems of Civilization. *The Psychoanalytic Study of the Child,* 30:663-681. New Haven: Yale University Press.

Langer, S. (1942), *Philosophy in a New Key.* Cambridge: Harvard University Press, third edition, 1957.

Lebovici, S. & Diatkine, R. (1973), Discussion on Aggression: Is it a Question of a Metapsychological Concept. *Internat. J. Psycho-Anal.,* 53: 231-236.

Leboyer, F. (1975), *Birth Without Violence.* New York: Knopf.

Levin, D. C. (1969), The Self: A Contribution to Its Place in Theory and Technique. *Internat. J. Psycho-Anal.,* 50:41-51.

Lichtenberg, J. (1975), The Development of the Sense of Self. *J. Amer. Psychoanal. Assn.,* 23:453-484.

Lichtenstein, H. (1961), Identity and Sexuality: A Study of Their Interrelationships in Man. *J. Amer. Psychoanal. Assn.,* 9:179-260.

―――― (1964), The Role of Narcissism in the Emergence and Maintenance of a Primary Identity. *Internat. J. Psycho-Anal.,* 45:49-56.

―――― (1971), The Malignant No: A Hypothesis Concerning the Interdependence of the Sense of Self and the Instinctual Drives. In: *The Unconscious Today.* New York: International Universities Press, pp. 147-176.

Lipton, S. D. (1961), The Last Hour. *J. Amer. Psychoanal. Assn.,* 9:325-330.

Loewald, H. (1960), On the Therapeutic Action of Psycho-Analysis. *Internat. J. Psycho-Anal.,* 41:16-33.

―――― (1962), Internalization, Separation, Mourning and the Superego. *Psychoanal. Quart.,* 31:483-504.

Macalpine, I. & Hunter, R. (1955), *Daniel Paul Schreber, Memoirs of My Nervous Illness.* Cambridge, Mass.: Robert Bentley.

McDougall, J. (1972), Primal Scene and Sexual Perversion. *Internat. J.*

Psycho-Anal., 53:371-384.

Mahler, M. (1965), On the Significance of the Normal Separation-Individuation Phase. In: *Drives, Affects, Behavior*, Vol. 2, ed. M. Schur. New York: International Universities Press, pp. 161-169.

——— (1968), *On Human Symbiosis and the Vicissitudes of Individuation*. New York: International Universities Press.

———, Pine, F. & Bergman, A. (1975), *The Psycholgoical Birth of the Human Infant*. New York: Basic Books.

Miller, I. (1965), On the Return of Symptoms in the Terminal Phase of Psychoanalysis. *Internat. J. Psycho-Anal.*, 46:487-501.

Miller, S. C. (1962), Ego-Autonomy in Sensory Deprivation. *Internat. J. Psycho-Anal.*, 43:1-20.

Mitscherlich, A. (1963), *Society Without the Father: A Contribution to Social Psychology*. New York: Harcourt, Brace & World, 1969.

Moberly, R. B. (1967), *Three Mozart Operas*. New York: Dodd, Mead & Company, 1968.

Modell, A. H. (1975), A Narcissistic Defence Against Affects and the Illusion of Self-Sufficiency. *Internat. J. Psycho-Anal.*, 56:275-282.

——— (1976), "The Holding Environment" and the Therapeutic Action of Psychoanalysis. *J. Amer. Psychoanal. Assn.*, 24:285-307.

Moore, B. E. (1975), Toward a Clarification of the Concept of Narcissism. *The Psychoanalytic Study of the Child*, 30:243-276. New Haven: Yale University Press.

Morgenthaler, F. (1974), Die Stellung der Perversionen in Metapsychologie und Technik. *Psyche*, 28:1077-1098.

Moser, T. (1974), *Years of Apprenticeship on the Couch*. New York: Urizen Books, 1977.

M'Uzan, M. de (1970), Le même et l'identique. *Rev. Franc. Psychoanal.*, 34:441-451.

——— (1973), A Case of Masochistic Perversion and an Outline of a Theory. *Internat. J. Psycho-Anal.*, 54:455-467.

Nunberg, H. (1931), The Synthetic Function of the Ego. In: *Practice and Theory of Psychoanalysis*. New York: Nervous and Mental Disease Publishing Co., 1948, pp. 120-136.

Oremland, J. D. (1973), A Specific Dream During the Terminal Phase of Successful Psychoanalysis. *J. Amer. Psychoanal. Assn.*, 21:285-302.

Ornstein, A. (1974), The Dread to Repeat and the New Beginning: A Contribution to the Psychoanalysis of the Narcissistic Personality Disorders. *The Annual of Psychoanalysis*, 2:231-248. New York: International Universities Press.

——— & Ornstein, P. H. (1975), On the Interpretive Process in Psychoanalysis. *Internat. J. Psychoanal. Psychotherapy*, 4:219-271.

Ornstein, P. H. (1974a), A Discussion of Otto F. Kernberg's "Further Contributions to the Treatment of Narcissistic Personalities." *Internat. J. Psycho-Anal.*, 55:241-247.

———— (1974b), On Narcissism: Beyond the Introduction, Highlights of Heinz Kohut's Contributions to the Psychoanalytic Treatment of Narcissistic Personality Disorders. *The Annual of Psycho-Analysis*, 2:127-149. New York: International Universities Press.

———— (1975), Vitality and Relevance of Psychoanalytic Psychotherapy. *Comprehensive Psychiat.*, 16:503-516.

Painter, G. (1959), *Proust. The Early Years*. Boston: Little, Brown.

———— (1965), *Proust. The Later Years*. Boston: Little, Brown.

Palaci, J. (1975), Reflexions sur le transfert et la theorie du narcissisme de Heinz Kohut. In: *Rev. Franç. de Psychoanal.*, 39:279-294.

Pasche, F. (1965), L'antinarcissisme. In: *Rev. Franç. de Psychoanal.*, 29:503-518.

Pfeffer, A. Z. (1961), Follow-up Study of a Satisfactory Analysis. *J. Amer. Psychoanal. Assn.*, 9:698-718.

———— (1963), The Meaning of the Analyst After Analysis. *J. Amer. Psychoanal. Assn.*, 11:229-244.

Pollock, G. H. (1964), On Symbiosis and Symbiotic Neurosis. *Internat. J. Psycho-Anal.*, 45:1-30.

———— (1971), Glückel von Hameln: Bertha Pappenheim's Idealized Ancestor. *Amer. Imago*, 28:216-227.

———— (1972), Bertha Pappenheim's Pathological Mourning: Possible Effects of Childhood Sibling Loss. *J. Amer. Psychoanal. Assn.*, 20:476-493.

Pontalis, J. B. (1975), Naissance et reconnaissance du self. In: *Psychologie de la connaissance de Soi*. Paris, Presses Universitaires de France, pp. 271-298.

Proust, M. (1913-1928), *Remembrance of Things Past*. New York: Random House, 1934.

Rangell, L., reporter (1955), Panel on: The Borderline Case. *J. Amer. Psychoanal. Assn.*, 3:285-298.

Rank, O. (1929), *The Trauma of Birth*. New York: Harcourt Brace.

Reich, A. (1950), On the Termination of Analysis. In: *Psychoanalytic Contributions*. New York: International Universities Press, 1973, pp. 121-135.

———— (1960), Pathologic Forms of Self-Esteem Regulation. In: *Psychoanalytic Contributions*. New York: International Universities Press, 1973, pp. 288-311.

Robbins, W. S., reporter (1975), Panel on: Termination: Problems and Techniques. *J. Amer. Psychoanal. Assn.*, 23:166-176.

Rosenfeld, H. (1964), On the Psychopathology of Narcissism. *Internat. J. Psycho-Anal.*, 45:332-337.

Rosolato, G. (1976), Le narcissisme. *Nouvelle Revue de Psychoanalyse*, 13: 7-36.

Sandler, J., Holder, A., & Meers, D. (1963), The Ego Ideal and the Ideal Self. *The Psychoanalytic Study of the Child,* 18:139-158. New York: International Universities Press.

Schafer, R. (1968), *Aspects of Internalization.* New York: International Universities Press.

_____ (1973a), Action: Its Place in Psychoanalytic Interpretation and Theory. *The Annual of Psychoanalysis,* 1:159-196. New York: Quadrangle.

_____ (1973b), Concepts of Self and Identity and the Experience of Separation-Individuation in Adolescence. *Psychoanal. Quart.,* 42: 42-59.

Scharfenberg, J. (1973), Narzissmus, Identität und Religion. *Psyche,* 27: 949-966.

Scheidt, J. vom (1976), *Der falsche Weg zum Selbst.* Munich: Kindler.

Schlessinger, N., Gedo, J. E. et al. (1967), The Scientific Style of Breuer and Freud in the Origins of Psychoanalysis. *J. Amer. Psychoanal. Assn.,* 15:404-422.

_____ & Robbins, F. (1974), Assessment and Follow-up in Psychoanalysis. *J. Amer. Psychoanal. Assn.*, 22:542-567.

Schur, M. (1966), *The Id and the Regulatory Principles of Mental Functioning.* New York: International Universities Press.

Schwartz, L. (1974), Narcissistic Personality Disorders—A Clinical Discussion. *J. Amer. Psychoanal. Assn.*, 22:292-306.

Spruiell, V. (1974), Theories of the Treatment of Narcissistic Personalities. *J. Amer. Psychoanal. Assn.*, 22:268-278.

_____ (1975), Three Strands of Narcissism. *Psychoanal. Quart.*, 44: 577-595.

Stewart, W. (1963), An Inquiry into the Concept of Working Through. *J. Amer. Psychoanal. Assn.*, 11:474-999.

Stolorow, R. D. (1975), Addendum to a Partial Analysis of a Perversion Involving Bugs: An Illustration of the Narcissistic Function of Perverse Activity. *Internat. J. Psycho-Anal.*, 56:361-364.

_____ (1976), Psychoanalytic Reflections on Client-Centered Therapy in the Light of Modern Conceptions of Narcissism. *Psychotherapy: Theory, Research and Practice,* 13:26-29.

_____ & Atwood, G. E. (1976), An Ego-Psychological Analysis of the Work and Life of Otto Rank in the Light of Modern Conceptions of Narcissism. *Internat. Rev. Psycho-Anal.,* 3:441-459.

_____ & Grand, H. T. (1973), A Partial Analysis of a Perversion Involving Bugs. *Internat. J. Psycho-Anal.*, 54:349-350.

Stone, L. (1961), *The Psychoanalytic Situation*. New York: International Universities Press.

Straus, E. W. (1952), The Upright Posture. *Psychiat. Quart.*, 26:529-561.

Terman, D. M. (1975), Aggression and Narcissistic Rage: A Clinical Elaboration. *The Annual of Psychoanalysis*, 3:239-255. New York: International Universities Press.

Thomä, H. & Kächele, H. (1973), Problems of Metascience and Methodology in Clinical Psychoanalytic Research. *The Annual of Psychoanalysis*, 3:49-118. New York: International Universities Press, 1975.

Ticho, G. (1967), On Self Analysis. *Internat. J. Psycho-Anal.*, 48:308-318.

Tolpin, M. (1970), The Infantile Neurosis: A Metapsychological Concept and a Paradigmatic Case History. *The Psychoanalytic Study of the Child*, 25:273-305. New Haven: Yale University Press.

_____ (1971), On the Beginnings of a Cohesive Self. *The Psychoanalytic Study of the Child*, 26:316-354. New Haven: Yale University Press.

_____ (1974), The Daedalus Experience: A Developmental Vicissitude of the Grandiose Fantasy. *The Annual of Psychoanalysis*, 2:213-228. New York: International Universities Press.

Tolpin, P. H. (1971), Some Psychic Determinants of Orgastic Dysfunction. *Adol. Psych.*, 1:388-413.

_____ (1974), On the Regulation of Anxiety: Its Relation to "The Timelessness of the Unconscious and its Capacity for Hallucination." *The Annual of Psychoanalysis*, 2:150-177. New York: International Universities Press.

Volkan, V. D. (1973), Transitional Fantasies in the Analysis of a Narcissistic Personality. *J. Amer. Psychoanal. Assn.*, 21:351-376.

Waelder, R. (1936), The Principle of Multiple Function: Observations on Overdetermination. In: *Psychoanalysis: Observation, Theory, and Application*. New York: International Universities Press, 1976, pp. 68-83.

Wangh, M. (1964), National Socialism and the Genocide of the Jews: A Psychoanalytic Study of a Historical Event. *Internat. J. Psycho-Anal.*, 45:386-395.

_____ (1974), Concluding Remarks on Technique and Prognosis in the Treatment of Narcissism. *J. Amer. Psychoanal. Assn.*, 22:307-309.

Weigert, E. (1952), Contribution to the Problem of Terminating Psychoanalysis. *Psychoanal. Quart.*, 21:465-480.

Whitman, R. M. & Kaplan, S. M. (1968), Clinical, Cultural and Literary Elaborations of the Negative Ego-Ideal. *Comprehensive Psychiat.*, 9:358-371.

Winnicott, D. W. (1953), Transitional Objects and Transitional Phenomena. *Internat. J. Psycho-Anal.*, 34:89-97.

———— (1960a), Ego Distortion in Terms of True and False Self. In: *The Maturational Processes and the Facilitating Environment*. New York: International Universities Press, 1965, pp. 140-152.

———— (1960b), The Theory of the Parent-Infant Relationship. In: *The Maturational Processes and the Facilitating Environment*. New York: International Universities Press, 1965, pp. 37-55.

———— (1963), From Dependence Towards Independence in the Development of the Individual. In: *The Maturational Processes and the Facilitating Environment*. New York: International Universities Press, 1965, pp. 83-92.

Wolf, E. S. (1971), Saxa Loquunter: Artistic Aspects of Freud's The Aetiology of Hysteria. *The Psychoanalytic Study of the Child*, 26:535-554. New Haven: Yale University Press.

———— (1976), Ambience and Abstinence. *The Annual of Psychoanalysis*, 4:101-115. New York: International Universities Press.

———— & Gedo, J. E. (1975), The Last Introspective Psychologist Before Freud: Michel de Montaigne. *The Annual of Psychoanalysis*, 3:297-310. New York: International Universities Press.

———— ————, & Terman, D. M. (1972), On the Adolescent Process as a Transformation of the Self. *J. Youth & Adol.*, 1:257-272.

———— & Trosman, H. (1974), Freud and Popper-Lynkeus. *J. Amer. Psychoanal. Assn.*, 22:123-141.

Wurmser, L. (1974), Psychoanalytic Considerations of the Etiology of Compulsive Drug Use. *J. Amer. Psychoanal. Assn.*, 22:820-843.

Wylie, A. W., Jr. (1974), Threads in the Fabric of a Narcissistic Disorder. *J. Amer. Psychoanal. Assn.*, 22:310-328.

Zeigarnick, B. (1927), Über das Behalten von erledigten und unerledigten Handlungen. *Psychol. Forsch.*, 9:1-85.